Ejercicios de Física 6:

Corriente Continua y Alterna

© 2021 Gregorio Chenlo (@arquiteutis)

Gregorio Chenlo Romero (gregochenlo.blogspot.com)

Notas (v1):

ÍNDICE DE MATERIAS

Ejercicios de Física: 6 Corriente Continua y Alterna

Dedicatoria	6
Introducción	7
Copyright	11

Corriente Continua y Alterna — 13
1: carga de varios condensadores — 14
2: potencia máxima en un grupo de resistencias — 14
3: intensidad y dirección de la corriente — 15
4: potencial y corriente en una pila — 18
5: voltaje en un circuito complejo — 20
6: fuerza electro motriz vs potencial — 21
7: diferencia de potencial e intensidades — 22
8: potencial y potencia disipada — 24
9: intensidad, resistencia y energía — 24
10: rendimiento de un motor — 25
11: resistencia equivalente — 25
12: potenciales en varios puntos — 26
13: balance energético y potencia útil — 27
14: potenciales en un circuito complejo — 28
15: intensidad en mallas circuito complejo — 29
16: carga de un condensador — 30
17: resistencias y galvanómetro — 31
18: tensión en una autoinducción — 32
19: frecuencia y máxima intensidad — 33
20: impedancia y diferencia de fase — 33

21: potencia activa y reactiva — 35
22: intensidad, potencia y ángulos de fase — 36
23: circuito con elementos puros-1 — 37
24: circuito con elementos puros-2 — 38
25: cálculo de R y C en un circuito — 39
26: funciones tensión y corriente — 39
27: caída de tensión en elementos serie — 40
28: intensidad estacionaria — 41
29: frecuencia de resonancia — 41
30: impedancia, factor de potencia de circuito — 42
31: impedancia de un circuito — 42
32: potencias activa, reactiva y factor — 43
33: reactancia elevadora factor de potencia — 45
34: impedancia y desfase — 46
35: reactancia, impedancia y resonancia — 47
36: reactancias inductiva y capacitativa — 47
37: potencia media y potencia instantánea — 49
38: capacidad y factor de potencia — 50
39: transformador de corriente — 52
40 diferencia potencial con 3 generadores — 52
41: potenciales, intensidades complejas — 53
42: fuerza electro motriz en una pila — 54
43: anular un potencial en un circuito — 55
44: impedancia, intensidad y desfase — 56
45: impedancia, fase y diagrama vectorial — 56
46: funciones V e I en un circuito RC — 57
47: tensión, intensidad, factor potencia — 58
48: tensión alterna función del tiempo — 60
49: parámetros en un circuito — 61
50: impedancia de una máquina — 62
51: intensidad y fuerza electro motriz — 63
52: reactancia y $\cos\Phi$ — 64
53: impedancia e intensidad — 64
54: potencia disipada — 65
55: naturaleza de reactancia e intensidad — 65
56: Método Integral y Teorema de Gauss — 66
57: variables eléctricas e condensadores — 66

Anexos	*68*
Constantes	*69*
Factores de conversión	*71*
Integrales	*73*
Relaciones trigonométricas	*75*
Otros títulos	*77*
Bibliografía	*78*
Agradecimientos	*79*

⊖⊖⊖

Dedicatoria

A D. Lisardo Nuñez

excelente persona
excelente profesor
Marqués de la Inducción

INTRODUCCIÓN

Cuando estudiaba Física en la Universidad, hace ya algún tiempo, tuve la ocasión de comprobar que muchos alumnos universitarios de las carreras de Ciencias: Física, Química, Biología, Matemáticas, Ingenierías, etc. necesitaban consultar diversos libros con ejemplos de ejercicios resueltos de la materia teórica y práctica impartida en el aula y con la finalidad fundamental de adquirir conocimientos y soltura en la resolución de ejercicios planteados en los exámenes de estas disciplinas. Igualmente, cuando hablaba con mis profesores, éstos me comentaban que se encontraban habitualmente con la necesidad de recopilar múltiples ejercicios de alguna materia concreta para preparar la clase y/o para diseñar un examen.

Este libro, parte de una serie de libros de Física con diversas materias, pretende ayudar a cubrir estas necesidades en el proceso de aprendizaje de los alumnos de primer curso de Universidad, en aquellas carreras en las que la Física es una asignatura fundamental. Para ello se exponen 60 ejercicios relacionados con la **Corriente Continua y Alterna**, con sus correspondientes esquemas, diagramas, soluciones, etc. y también con varios ejercicios adicionales donde se indica únicamente la solución o parte de ella, para que el alumno, profesor o lector pueda ejercitarse por su propia cuenta o plantear su resolución en una clase, examen, etc.

Para facilitar el proceso de aprendizaje, los ejercicios se agrupan por complejidad y aparición habitual a lo largo del curso.

En cada ejercicio se plantea el enunciado, los datos, los esquemas y gráficas y la solución con suficiente detalle para que el alumno, con una base teórica correcta, pueda seguir el desarrollo de la solución sin dificultad. Para garantizar el proceso de aprendizaje, se incluyen también ejercicios repetitivos de la misma materia pero enfocados desde diversas ópticas e incluso con diversos métodos.

No se ha querido forzar el volumen del libro, que sea un manual práctico, de rápida consulta y por lo tanto no se ha incluido teoría alguna sobre las materias abordadas, aunque si se añaden las explicaciones necesarias para la comprensión de cada ejercicio.

La materia tratada en este libro se enmarca únicamente dentro de la disciplina de Física Clásica no Relativista y que está incluida en el temario de la asignatura de Física del primer curso universitario de la mayoría de las carreras en las que se incluye la Física como asignatura principal.

Para otras materias, también del grupo de Física Clásica no Relativista, no incluidas en este libro como las siguientes, se puede consultar mi libro: **"400 Ejercicios Resueltos de Física Universitaria"** también disponible en Inglés e Italiano en www.amazon.es en los siguientes enlaces.

papel   ebook

- Vectores
- Campos
- Mecánica clásica
- Movimiento ondulatorio
- Fuerzas centrales
- Gravitación
- Elasticidad
- Estática y Dinámica de fluidos
- Termometría
- Calorimetría
- Termodinámica
- Campo eléctrico
- Campo magnético
- Corriente continua
- Corriente alterna

Al final del libro se incluye alguna bibliografía y otros datos de interés, que pueden usarse como referencia, consulta general o para la resolución de estos y otros ejercicios.

Más información en:

gregochenlo.blogspot.com

⊖⊖⊖

Gregorio Chenlo Romero (gregochenlo.blogspot.com)

Otros títulos del autor en www.amazon.es

"Domótica con Raspberry©, Google© y Python©" (Ed-1)
"Domótica con Raspberry©, Google© y Python©" (Ed-2)
"Home Automation with Raspberry©, Google© & Python©"
"Electrónica divertida con Raspberry©"
"Elettronica divertente con Raspberry©"
"Electrónica y Domótica con Raspberry©"
"400 Ejercicios Resueltos de Física Universitaria"
"400 Solved Exercises of University Physics"
"400 Esercizi Risolti di Fisica Universitaria"
"Ejercicios de Física: 1 Cálculo Vectorial"
"Ejercicios de Física: 2 Mecánica Clásica"
"Ejercicios de Física: 3 Mecánica de Fluidos"
"Ejercicios de Física: 4 Calorimetría y Termodinámica"
"Ejercicios de Física: 5 Campo Eléctrico y Magnético"
"Ejercicios de Física: 6 Corriente Continua y Alterna"
"Algebra y Análisis en Carreras Universitarias"
"50 Poesías sin Título"
"Pescando Tiburones"
"Pescando Squali"

☉☉☉

©COPYRIGHT

El autor de este libro es Gregorio Chenlo Romero, que se reserva todos los derechos que la Ley le otorgue en cada región donde se publique este libro, tanto en la actualidad como en el futuro.

Este libro, en su 1ª edición, se publicó en Marzo de 2021 y le aplican todos los derechos de autor que la Ley Española le otorga ya desde el mismo momento de su publicación.

Reservados todos los derechos. Queda rigurosamente prohibida, sin la autorización escrita del titular de este copyright, bajo las sanciones establecidas en las leyes vigentes, la reproducción total o parcial del texto, tablas, esquemas, dibujos, etc. incluidas en esta obra, por cualquier medio o procedimiento, incluidos la reprografía, el tratamiento informático o la distribución de ejemplares mediante el alquiler o préstamo públicos.

El autor recopiló, como alumno, la información aquí incluida en las clases públicas de la Universidad Pública en la que cursó sus estudios de Física, por lo que se entiende que la información puede ser utilizada para ayudar a otros alumnos en los estudios universitarios de Física o similares.

El autor declina toda responsabilidad que los lectores, otras personas, terceros, empresas, etc. puedan realizar por su cuenta por el uso de la información aquí descrita.

A pesar de que todo lo descrito en este libro, ha sido revisado y contrastado con el mayor interés posible, el autor también declina cualquier responsabilidad por las incorrecciones e inexactitudes que pudieran existir en esta obra.

Finalmente indicar que se adjuntan algunas referencias bibliográficas usadas, reafirmando los derechos que les puedan corresponder y declinando cualquier responsabilidad, garantía, etc. consecuencia de la variación, desaparición , etc. de dichas fuentes de información, tanto en su totalidad como en parte de las mimas.

☻☻☻

Corriente Continua y Alterna

1: carga de varios condensadores

Se dispone de **3** condensadores de *1, 2 y 3 µF*. Si unimos los dos primeros en paralelo y éstos en serie con el tercero y el conjunto se conecta a un potencial de **1.000v**

Calcular:

a) La carga del condensador.

b) El potencial del punto de unión de los tres condensadores.

SOLUCIONES:

$C_{1,2} = C_1 + C_2 = 3\,\mu F$ y por otra parte:

$\dfrac{1}{C_T} = \dfrac{1}{C_{1,2}} + \dfrac{1}{C_3}$ ⇒ $C_T = \dfrac{3}{2}\mu F$ y de otro lado tenemos:

a) $Q_T = C_T V = \dfrac{3}{2} * 10^{-6} * 10^3 = \dfrac{3}{2} * 10^{-3} C$ y como: $Q_T = Q_3 = Q_{1,2}$ ⇒

$Q_3 = \dfrac{3}{2} * 10^{-3} C$ con $Q_{1,2} = Q_T = Q_1 + Q_2$ y $\dfrac{Q_1}{C_1} = \dfrac{Q_2}{C_2}$ ⇒

$Q_1 = 0,5 * 10^{-3} C$ y $Q_2 = 10^{-3} C$

b) $V = V_3 + V_{1,2}$ ⇒ $V_3 = \dfrac{Q_3}{C_3} = \dfrac{3}{2} * \dfrac{10^{-3}}{3 * 10^{-6}} = 0,5 * 10^3 v$ ⇒ $V = 500v$

2: potencia máxima en grupo resistencias

Siete resistencias iguales están montadas como indica el siguiente esquema.

Cada una de las resistencias puede disipar una potencia de **28w** como máximo, pues para una intensidad mayor se calientan excesivamente.

Calcular la potencia máxima que puede disipar el conjunto.

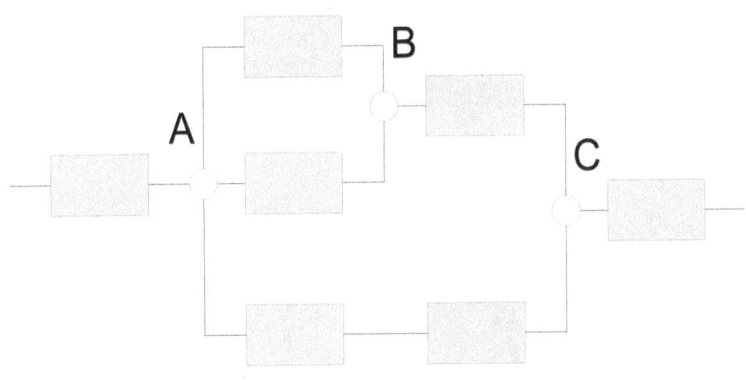

SOLUCIÓN:

$$\frac{1}{R'}=\frac{1}{R}+\frac{1}{R} \Rightarrow R'=\frac{R}{2} \quad y \quad R''=R'+R=\frac{3}{2}R \Rightarrow \frac{1}{R'''}=\frac{1}{R''}+\frac{1}{2R} \Rightarrow$$

$$R'''=\frac{6}{7}R \Rightarrow R_T=R'''+2R=\frac{20}{7}R \quad y\ por\ otro\ lado:$$

$$P_{max}=R_T i_{max}^2=R_T\frac{P'_{max}}{2} \Rightarrow \boldsymbol{P_{max}=80w} \quad donde: \quad P'_{max}=28w$$

$$Donde\ V_1-V_A=\frac{Q_T}{C_{1,2}}=8,40v \quad y \quad V_A-V_2=\frac{Q_T}{C_{3,4}}=360v \quad por\ lo\ tanto:$$

$$\left.\begin{array}{l}Q_1=C_1(V_1-V_A) \Rightarrow \boldsymbol{Q_1=8,40*10^{-6}C}\\ Q_2=C_2(V_1-V_A) \Rightarrow \boldsymbol{Q_2=16,80*10^{-6}C}\\ Q_3=C_3(V_A-V_2) \Rightarrow \boldsymbol{Q_3=10,80*10^{-6}C}\\ Q_4=C_4(V_A-V_2) \Rightarrow \boldsymbol{Q_4=14,40*10^{-6}C}\end{array}\right\}$$

3: intensidad y dirección de la corriente

Dos hilos muy largos **O y O'** rectilíneos y paralelos, distan entre si **10cm** El hilo **O'** esta recorrido por una corriente **I'** de **6A** dirigida de arriba a abajo.

1) Determinar la intensidad y la dirección de la corriente **I** que recorre el hilo **O**, para que el campo magnético, en el punto **A** de la figura, resulte nulo.

2) ¿Cuál es entonces el campo magnético resultante en magnitud y dirección en el punto **B**, y en el punto **C** distantes **6cm** del hilo **O** y **8cm del O'**?

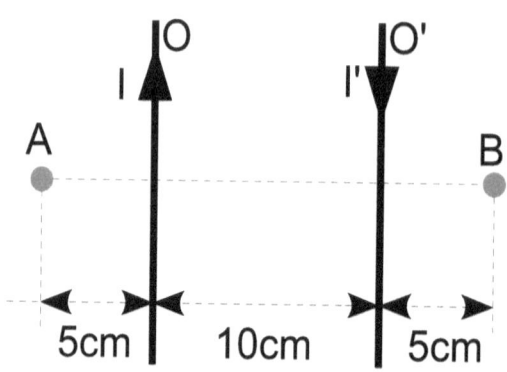

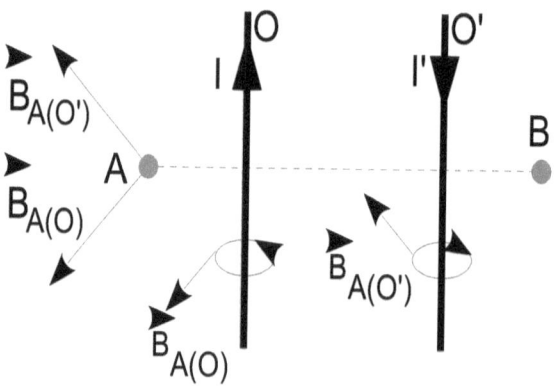

SOLUCIONES:

Para que: $B_A = 0 \Rightarrow |\vec{B}_{A(O)}| = |\vec{B}_{A(O')}| \Rightarrow B_{A(O)} = B_{A(O')}$ *y así:*

a)

$$\mu_o \frac{I}{2\pi \overline{AO}} = \mu_o \frac{I'}{2\pi \overline{AO'}} \Rightarrow I = I' \frac{\overline{AO'}}{\overline{AO}} = 5 * \frac{6}{15} \Rightarrow \boxed{I = 2A}$$

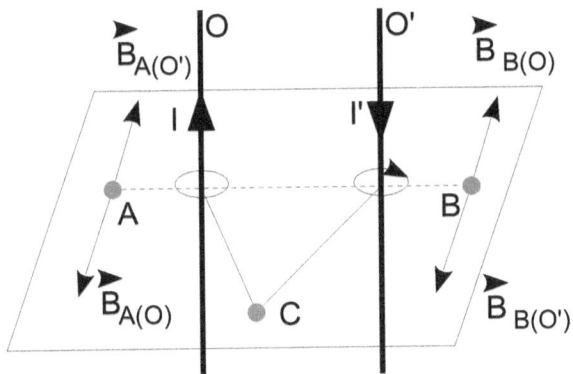

$$B_{B(O)} = \mu_o \frac{I}{2\pi \overline{BO}} \Rightarrow$$

$B_B = B_{B(O')} - B_{B(O)}$ *donde*:

$$B_{B(O')} = \mu_o \frac{I'}{2\pi \overline{BO'}} \quad entonces:$$

$$B_B = 2*10^{-7} * \left(\frac{6}{0,05} - \frac{2}{0,15}\right) \Rightarrow \boldsymbol{B_B = 2,13*10^{-5}\,T} \quad (dirigido\ hacia\ fuera)$$

b)

Por otra parte como $\overline{CO}$ y $\overline{CO}'$ forman un ángulo de $90°$, entonces:

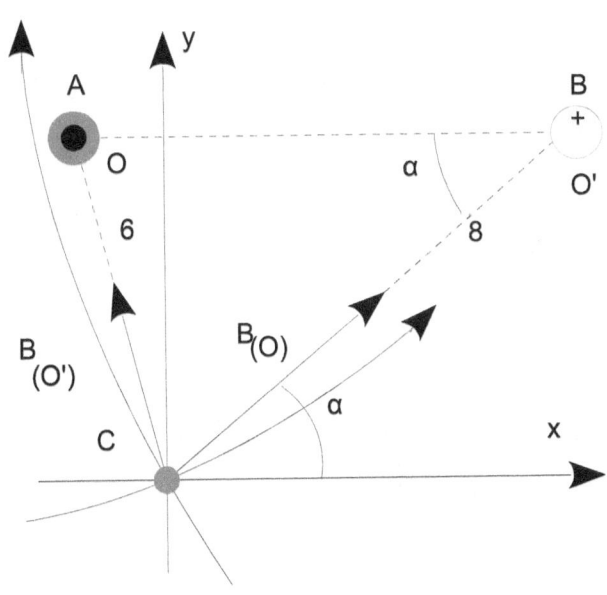

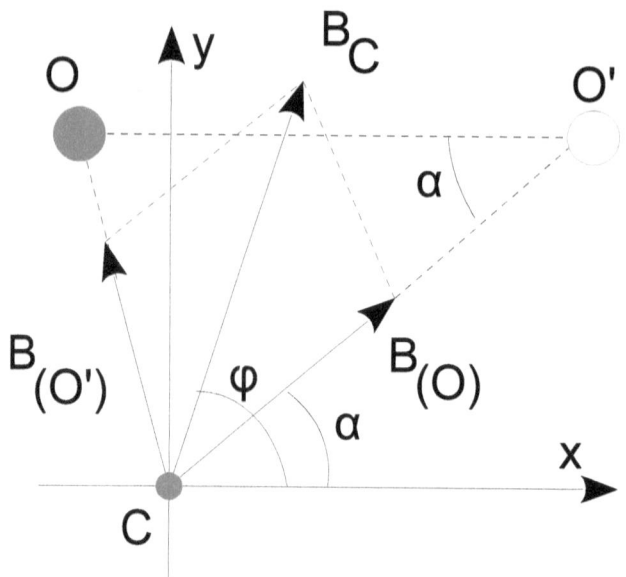

$$B_{C(O)} = \mu_o \frac{I}{2\pi \overline{CO}} = 6{,}67 * 10^{-6} T$$
$$B_{C(O')} = \mu_o \frac{I}{2\pi \overline{CO}'} = 1{,}5 * 10^{-5} T$$

$$B_{C_x} = B_{C(O)} \cos\alpha - B_{C(O')} \sin\alpha$$
$$B_{C_y} = B_{C(O)} \sin\alpha + B_{C(O')} \cos\alpha$$

Con: $B_C = \sqrt{B_{C_x}^2 + B_{C_y}^2}$ y

$\tan\alpha = \dfrac{B_{C_y}}{B_{C_x}} \Rightarrow \boldsymbol{B_C = 1{,}6 * 10^{-5} T}$

4: potencial y corriente en una pila

Encontrar la diferencia de potencial entra **A** y **B** del circuito del esquema siguiente.

Si se cierra le interruptor, calcular la corriente que pasa por la pila de **12v**

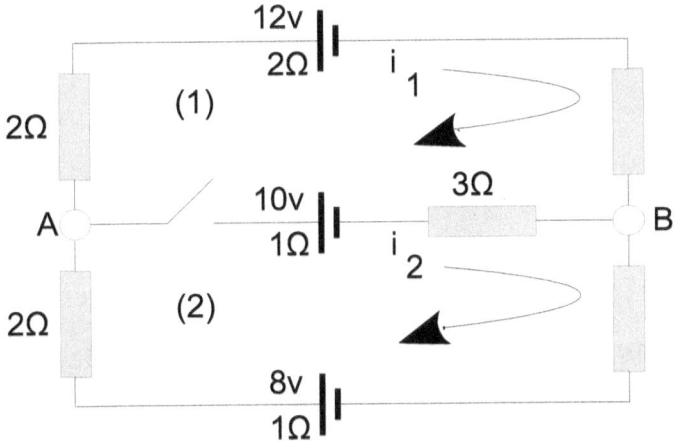

SOLUCIÓN:

$V_{AB} = \sum Ri - \sum e$ y como: $V_{AA} = 0 = \sum Ri - \sum e$ entonces:

$0 = i(2+2+1+2+1+2) - (-12+8)$ ⇒ $i = \dfrac{-2}{5}$ Y como la intensidad va

dirigida en sentido contrario al elegido, tenemos: $i = \dfrac{2}{5} A$

En la malla superior (1): $V_{AB} = 5 * \dfrac{-2}{5} + 12$ ⇒ $V_{AB} = 10v$

Si se calcula por la malla inferior (2), el resultado es el mismo.

Al cerrar el interruptor existirán dos intensidades diferentes que se calcularán utilizando las **Leyes de Kirchoff** del siguiente modo:

$\begin{pmatrix} -12+10 \\ -10+8 \end{pmatrix} = \begin{pmatrix} 9 & -4 \\ -4 & 9 \end{pmatrix} \begin{pmatrix} i_1 \\ i_2 \end{pmatrix}$ y por lo tanto:

$i_1 = \dfrac{\begin{vmatrix} -2 & -4 \\ -2 & 9 \end{vmatrix}}{\begin{vmatrix} 9 & -4 \\ -4 & 9 \end{vmatrix}}$ ⇒ $i_1 = \dfrac{2}{5} A$ Con sentido anti horario.

$$i_2 = \frac{\begin{vmatrix} 9 & -2 \\ -4 & -2 \end{vmatrix}}{\begin{vmatrix} 9 & -4 \\ -4 & 9 \end{vmatrix}} \Rightarrow i_2 = \frac{2}{5} A$$

5: voltaje en un circuito complejo

Calcular la diferencia de potencial entre **M** y **N** de la figura siguiente, siendo la resistencia del cable **AM** 6Ω incluida la resistencia de la pila (resistencia interna), cuya fuerza electro motriz es **12v**

El resto de las resistencias están en Ω

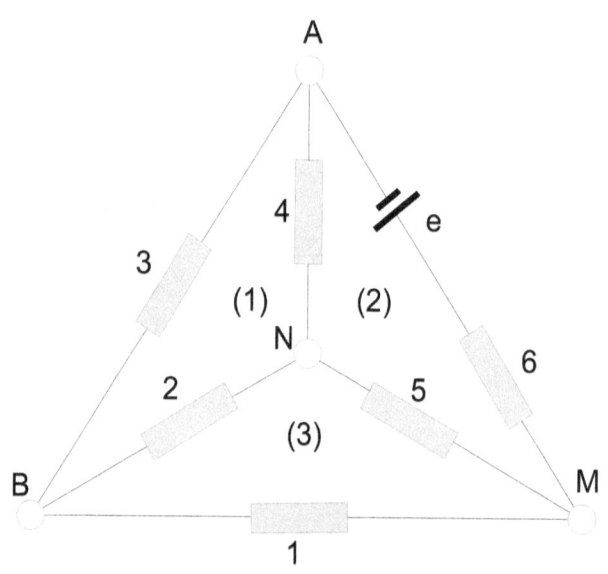

SOLUCIÓN:

$V_{MN} = 5 i_{MN}$ *y aplicando* **Kirchoff** *, tenemos lo siguiente:*

$$\begin{pmatrix} 0 \\ 12 \\ 0 \end{pmatrix} = \begin{pmatrix} 9 & -4 & -2 \\ -4 & 15 & -5 \\ -2 & -5 & 8 \end{pmatrix} \begin{pmatrix} i_1 \\ i_2 \\ i_3 \end{pmatrix} \Rightarrow i_2 = \begin{vmatrix} 9 & 0 & -2 \\ -14 & 12 & -5 \\ -2 & 0 & -8 \end{vmatrix} / D = -1{,}55\,A \;\; donde:$$

$$D = \begin{vmatrix} 9 & -4 & -2 \\ -4 & 15 & -5 \\ -2 & -5 & 8 \end{vmatrix} = 587 \quad y\;por\;otra\;parte:$$

$$i_3 = \begin{vmatrix} 9 & -4 & 0 \\ -14 & 15 & 12 \\ -2 & -5 & 0 \end{vmatrix} / D = -1{,}08\,A \quad y\;como: \;\; i_{MN} = i_2 - i_3 \;\; \Rightarrow \;\; V_{MN} = 2{,}3\,v$$

6: fuerza electro motriz vs potencial

La carga del condensador de $5\mu F$ de la figura es $125\mu C$ Calcular:

a) El valor de la fuerza electro motriz **e**

b) Si se cierra el interruptor entre **a** y **b** ¿cuál sería la carga del condensador?. ¿Y la diferencia de potencial entre las bornas del generador de **5v**?

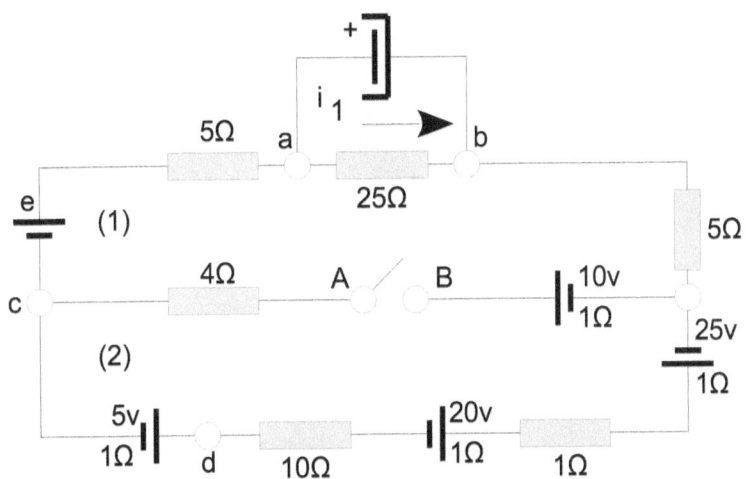

Gregorio Chenlo Romero (gregochenlo.blogspot.com)

SOLUCIONES:

a) $\sum Ri = \sum e$ además: $V_{ab} = \dfrac{Q}{C} = 25v$ $\Rightarrow$ $i = \dfrac{V_{ab}}{R} = \dfrac{25}{25} = 1A$ y como:
$V_{aa} = 0$ $\Rightarrow$ $49i = e$ $\Rightarrow$ $e = 49v$

b) $\begin{pmatrix} 59 \\ -10 \end{pmatrix} = \begin{pmatrix} 40 & -5 \\ -5 & 19 \end{pmatrix} \begin{pmatrix} i_1 \\ i_2 \end{pmatrix}$ con lo que: $Q = V_{ab} C = 25 i_1 C$ donde:

$i_1 = \begin{vmatrix} 59 & -5 \\ -10 & 19 \end{vmatrix} / \begin{vmatrix} 40 & -5 \\ -5 & 19 \end{vmatrix} = 1,93\,A$ y por lo tanto tenemos:

$Q = 25 * 1,93 * 5 * 10^{-6}$ $\Rightarrow$ $Q = 2,41 * 10^{-4} C$

Igualmente se deduce que: $i_2 = -0,006\,A$, *donde el signo* (-) *indica que su sentido es el anti horario. Finalmente*:

$V_{cd} = \sum Ri - e = 1 * 0,006 - 5$ $\Rightarrow$ $V_{cd} = -4,994\,v$

| 7: diferencia de potencial e intensidades |

En el circuito de la figura $V_c - V_d = -5v$ Calcular:

a) La diferencia de potencial V_{ab}

b) La fuerza electro motriz del generador **G**

c) Si conectamos ahora los puntos **a** y **b** calcular las intensidades que circulan por cada rama.

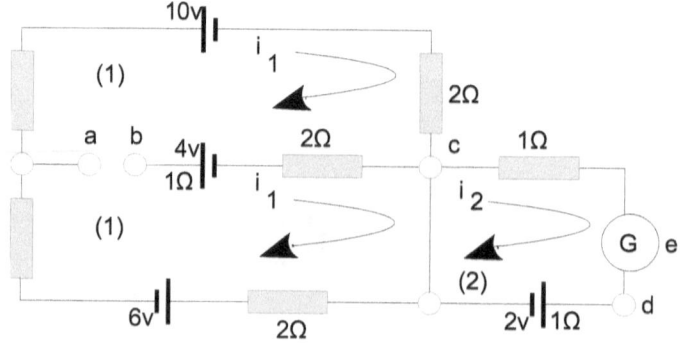

SOLUCIONES:

NOTA: En todos estos ejercicios de aplicación de las **Leyes de Kirchoff,** se considera el sentido horario de la corriente. Posteriormente se realizan los cambios que correspondan.

a) y b)

$$\begin{pmatrix} -4 \\ e-2 \end{pmatrix} = \begin{pmatrix} -8 & 0 \\ 0 & -2 \end{pmatrix} \begin{pmatrix} i_1 \\ i_2 \end{pmatrix} \quad con\ lo\ que:$$

$$i_2 = \begin{vmatrix} -8 & -4 \\ 0 & e-2 \end{vmatrix} / \begin{vmatrix} -8 & 0 \\ 0 & -2 \end{vmatrix} = 1 - 0,5e \quad y\ como\ tenemos\ que:$$

$$V_{cd} = \sum Ri - \sum e \quad \Rightarrow \quad V_{cd} = i_2 * 1 - e = -5v \quad \Rightarrow \quad 1 - 0,5e - 3 = -5 \quad \Rightarrow \quad \boldsymbol{e = 4v}$$

Por otra parte: $\quad V_{ab} = \sum Ri - \sum e = i_1 * 4 - (-10 + 4) \quad donde:$

$$i_1 = \begin{vmatrix} -4 & 0 \\ 6 & -2 \end{vmatrix} / \begin{vmatrix} 8 & 0 \\ 0 & 2 \end{vmatrix} = 0,5\ A \quad \Rightarrow \quad V_{ab} = 0,5 * 7 + 6 \quad \Rightarrow \quad \boldsymbol{V_{ab} = 9,5\ v}$$

c) Ahora el circuito queda transformado en algo similar al siguiente esquema:

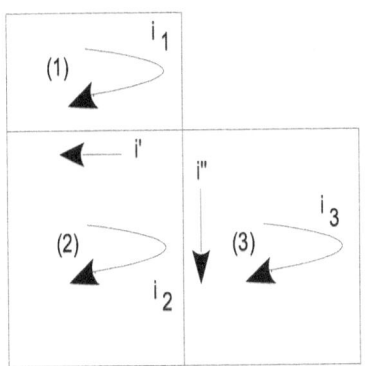

NOTA: En estos ejercicios se toma como positivo la dirección de la corriente como indica la figura adjunta:

$$\begin{pmatrix} -6 \\ 2 \\ 6 \end{pmatrix} = \begin{pmatrix} 7 & -3 & 0 \\ -3 & 7 & 0 \\ 0 & 0 & 2 \end{pmatrix} \begin{pmatrix} i_1 \\ i_2 \\ i_3 \end{pmatrix} \quad y\ así:$$

$$i_1 = \begin{vmatrix} -6 & -3 & 0 \\ 2 & 7 & 0 \\ 6 & 0 & 2 \end{vmatrix} / D$$

$$i_2 = \begin{vmatrix} 7 & -6 & 0 \\ -3 & 2 & 0 \\ 0 & 6 & 2 \end{vmatrix} / D; \quad i_3 = \begin{vmatrix} 7 & -3 & -6 \\ -3 & 7 & 2 \\ 0 & 0 & 6 \end{vmatrix} / D \quad con: \quad D = \begin{vmatrix} 7 & -3 & 0 \\ -3 & 7 & 0 \\ 0 & 0 & 2 \end{vmatrix} = 80$$

$\boldsymbol{i_1 = -0,9\ A;\quad i_2 = 0,8\ A;\quad i_3 = 3,87\ A} \quad y\ además:$

$i' = i_1 + i_2 \quad \Rightarrow \quad \boldsymbol{i' = 1,7\ A;} \quad i'' = |i_2 - i_3| \quad \Rightarrow \quad \boldsymbol{i'' = 3,07\ A}$

8: potencial y potencia disipada

En el circuito de la figura siguiente, calcular:

a) La diferencia de potencial V_{ab}

b) La potencia disipada en las resistencias de:
   2, 3, 5, 8 y 13 Ω

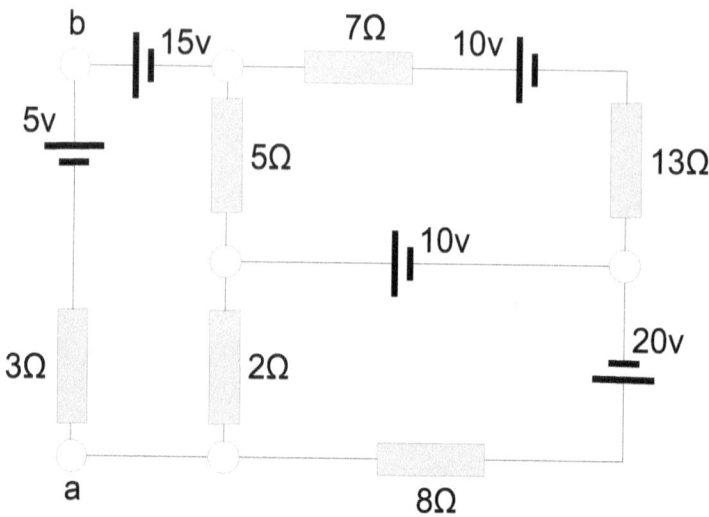

9: intensidad, resistencia y energía

Un aparato de calefacción eléctrica de **1.000w** funciona a **220v**

Calcular:

a) La intensidad de corriente que lo atraviesa.

b) Su resistencia.

c) La cantidad de energía disipada.

SOLUCIONES:

Ejercicios de Física: 6 Corriente Continua y Alterna

a) $P = Vi \Rightarrow 1.000 = 200i \Rightarrow i = 4,55\,A$

b) $P = \dfrac{V^2}{R} \Rightarrow R = \dfrac{V^2}{P} \Rightarrow R = 48,4\,\Omega$

c) $P_{disipada} = P_{absorbida} \Rightarrow P = 10^3\,w$ o también: $P = i^2 R = 1.000\,w$

10: rendimiento de un motor

Un motor que funciona a **220v** absorbe una corriente de **10A**

Si la resistencia interna del motor es de **12Ω** ¿cuál es el rendimiento del motor?

SOLUCIÓN:

$$R = Rendimiento = \dfrac{P_{útil}}{P_{absorbida}} * 100 \quad donde:$$

$\left. \begin{array}{l} P_{absorbida} = Vi = 220*10 = 2.200\,w \\ P_{útil} = Vi - i^2 R = 2.200 - 100*12 = 1.000\,w \end{array} \right\}$ y por lo tanto:

$Rendimiento = \dfrac{1.000 * 100}{2.200} \Rightarrow R = 45,56\,\%$

11: resistencia equivalente

En el siguiente esquema calcular:

a) La resistencia equivalente.

b) Si la intensidad en la resistencia de **1Ω** es de **6A**, calcular la intensidad que pasa a través de la resistencia de **3Ω** y la diferencia de potencial entre los extremos de la red.

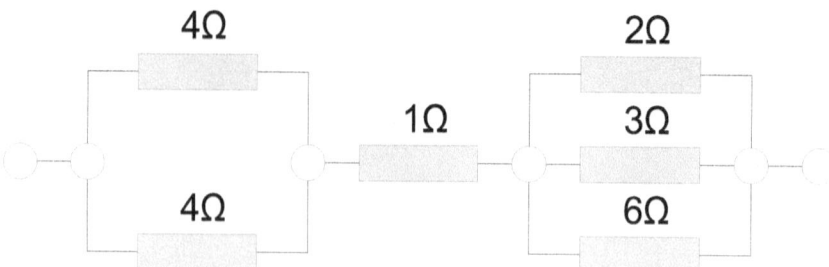

SOLUCIONES:

a) $R_T = 4\Omega$

b) $i=2A$ y $V_{ab}=24v$

12: potenciales en varios puntos

Calcular los potenciales en los puntos **a, b** y **c** de la figura siguiente:

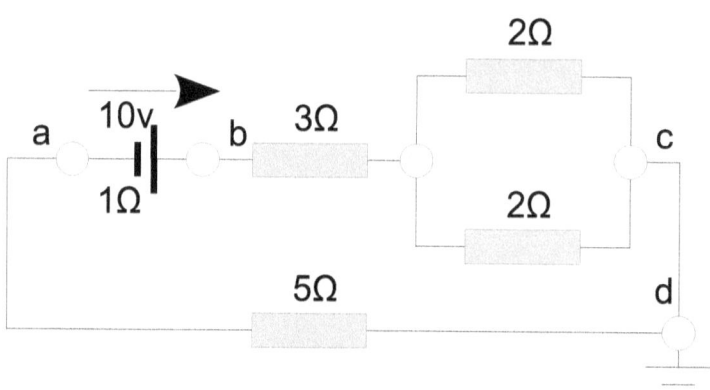

SOLUCIÓN:

Para calcular tales potenciales basta calcular las diferencias de potencial entre ellos y el punto d pues $V_d = 0$ Así:

$$i = \frac{\sum e}{\sum R} \Rightarrow \sum e = 10v \quad y\,además:$$

$$\frac{1}{R_p} = \frac{1}{2} + \frac{1}{2} \Rightarrow R_p = 1\Omega \Rightarrow R_T = \sum R = 10\Omega \Rightarrow i = 1A \quad y\,por\,lo\,tanto:$$

$$V_{ad} = \left(\sum Ri - \sum e\right)_{ad} = (1+3+1)*1 - 10 = -5v \Rightarrow V_a = -5v$$
$$V_{bd} = (3+1)*1 - 0 \Rightarrow V_b = 4v \quad y \quad V_c = 0$$

13: balance energético y potencia útil

En el circuito de la figura siguiente calcular: V_{ab}, V_{bc}, V_{cd} y V_{da}

Comprobar que la suma de tales diferencias de potencial es cero.

Calcular, mediante un balance energético, la potencia útil suministrada al circuito.

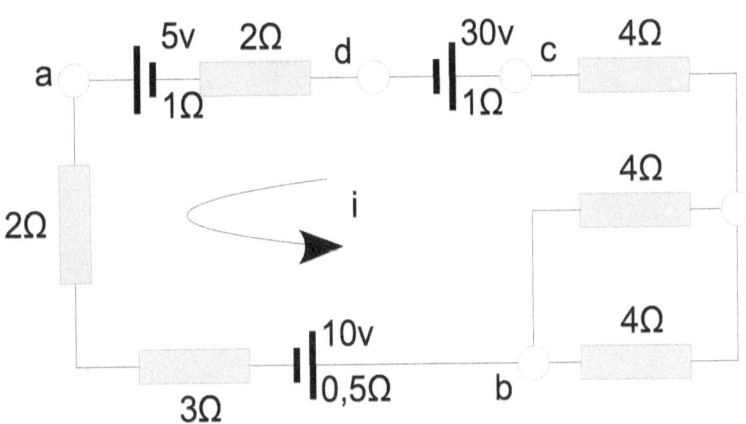

SOLUCIONES:

Para calcular tales diferencias de potencial se debe conocer la intensidad que atraviesa el circuito.

Por lo tanto:

$$\frac{1}{R_p}=\frac{1}{4}+\frac{1}{4} \Rightarrow R_p=2\Omega \Rightarrow R_T=\sum R=15\Omega \quad y\,así:\ i=-1A$$

con lo que la intensidad va en sentido opuesto al elegido.

Por otra parte:

$$\left.\begin{array}{l} V_{ab}=(\sum Ri-\sum e)_{ab}=(2+3+0,5)*(-1)-10 \Rightarrow V_{ab}=-15,5v \\ V_{bc}=(2+4)*(-1)-0 \Rightarrow V_{bc}=-6v \\ V_{cd}=(0,5)*(-1)-(-30) \Rightarrow V_{cd}=29,5v \\ V_{da}=(2+1)*(-1)-5 \Rightarrow V_{da}=-8v \end{array}\right\}$$

Como el campo eléctrico es conservativo, ha de cumplirse que:

$$V_{ab}+V_{bc}+V_{cd}+V_{da}=0$$

$$P_{útil}=\sum ei-\sum i^2 r=(30-10-5)*1*1^2*(1+0,5+0,5) \Rightarrow$$

$$\boldsymbol{P_{útil}=13w} \quad donde: \quad P_{disipada}=\sum i^2 R=1^2*(2+3+2+4+2)=13w$$

14: potenciales en un circuito complejo

En la red de la figura, calcular las intensidades de cada rama, así como las diferencias de potencial en sus extremos.

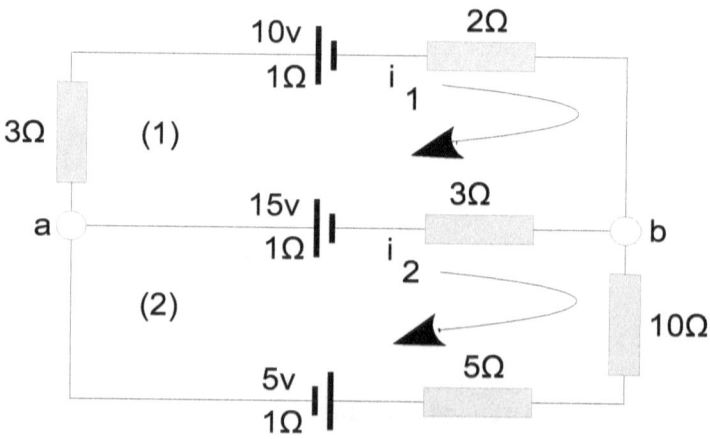

Ejercicios de Física: 6 Corriente Continua y Alterna

SOLUCIONES:

$$\begin{pmatrix} 5 \\ -20 \end{pmatrix} = \begin{pmatrix} 10 & -4 \\ -4 & 20 \end{pmatrix} \begin{pmatrix} i_1 \\ i_2 \end{pmatrix} \quad de\,donde:$$

$$i_1 = \begin{vmatrix} 5 & -4 \\ -20 & 20 \end{vmatrix} / \begin{vmatrix} 10 & -4 \\ -4 & 20 \end{vmatrix} \Rightarrow i_1 = 0{,}11\,A$$

$$i_2 = \begin{vmatrix} 10 & 5 \\ -4 & -20 \end{vmatrix} / \begin{vmatrix} 10 & -4 \\ -4 & 20 \end{vmatrix} \Rightarrow i_2 = -0{,}98\,A \quad y\,por\,otro\,lado:$$

$$\left. \begin{array}{l} V_{ab} = (3+2+1)*0{,}11 - (-10) \Rightarrow V_{ab} = 10{,}65\,v \quad (en\,la\,rama\,superior) \\ V_{ab} = (10+5+1)*(-0{,}98) + 5 \Rightarrow V_{ab} = 10{,}65\,v \quad (en\,la\,rama\,inferior) \\ V_{ab} = (3+1)*(0{,}98+0{,}11) - 15 \Rightarrow V_{ab} = 10{,}65\,v \quad (en\,la\,rama\,del\,medio) \end{array} \right\}$$

15: intensidad en mallas circuito complejo

En el circuito de la figura siguiente calcular la intensidad de cada malla y la diferencia de potencial entre **a** y **b**

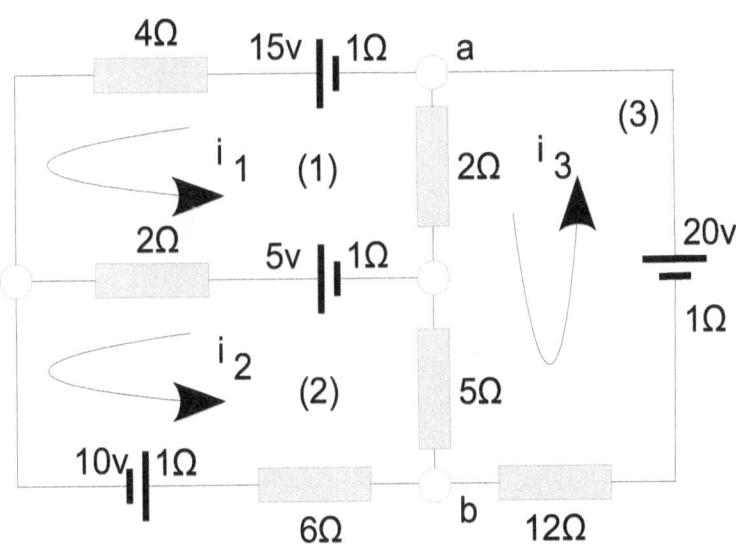

SOLUCIONES:

$i_1 = 2,755\,A;\quad i_2 = 1,429\,A;\quad i_3 = 1,633\,A\quad y\quad V_{ab} = 1,022\,v$

16: carga de un condensador

La carga del condensador de la figura es de $50\,\mu C$

Calcular la fuerza electro motriz e_1 y V_{ab}

Si se abre el circuito mediante el interruptor existente entre **a** y **b**

¿Cuál será la carga del condensador?

¿Y el potencial V_{fg} ?

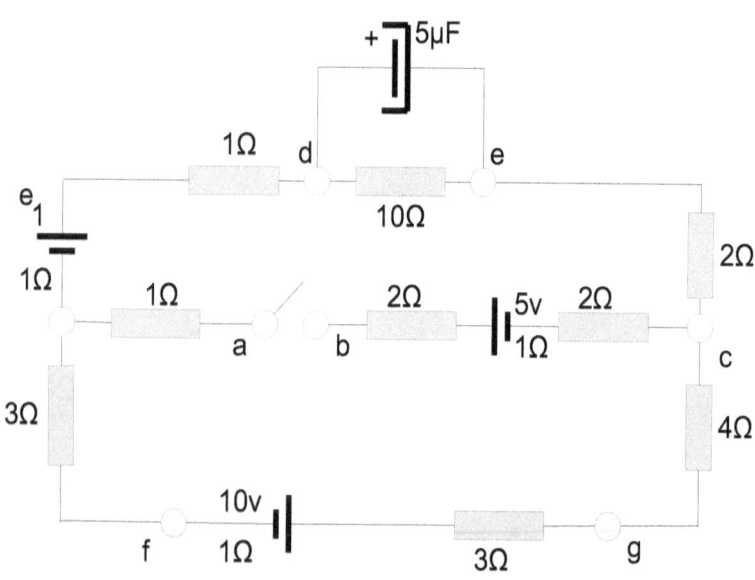

SOLUCIONES:

$e_1 = 35v$; $V_{ab} = -26v$; $q = 9{,}7 * 10^{-5} C$ y $V_{fg} = 9{,}212v$

17: resistencias y galvanómetro

La figura siguiente representa un aparato para medir resistencias.

El galvanómetro **G** tiene una escala de $1mA$ y 99Ω. **R** es una resistencia conocida que corresponde a la desviación de toda la escala, cuando la resistencia R_x es nula.

Calcular:

a) El valor de **R**

b) La corriente a través del galvanómetro cuando $R_x = 1.000\,\Omega$

c) El valor de R_x que hace que la escala del galvanómetro se desvíe **0,1mA**

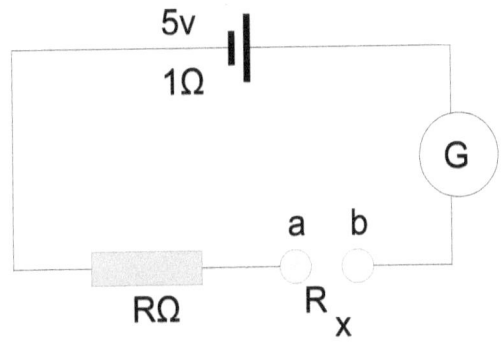

SOLUCIONES:

a) $i = \dfrac{\sum e}{\sum R}$ $\Rightarrow$ $10^{-3} = \dfrac{5}{1+99+R}$ y así:

$R = 4.900\,\Omega$

b) Cuando: $R_x = 10^3 \Omega$ ⇒ $i = \dfrac{5}{1+99+400+1.000}$ ⇒ $i = 0,833\, mA$

c) Cuando: $i = 0,1\, mA$ ⇒ $10^{-4} = \dfrac{5}{1+99+4.900+R_x}$ ⇒ $R_x = 45.000\, \Omega$

18: tensión en una autoinducción

Un circuito de corriente alterna está formado por una autoinducción: $L = \dfrac{1}{10\pi} Hy$ y dos resistencias: $r_1 = 5\Omega$ y $r_2 = 11\Omega$ conectadas en serie.

La tensión de la red es de **100v** y la frecuencia de la corriente **60Hz** Calcular la lectura de un voltímetro conectado de tal manera que entre sus bornes comprenda la autoinducción **L** y la resistencia r_1

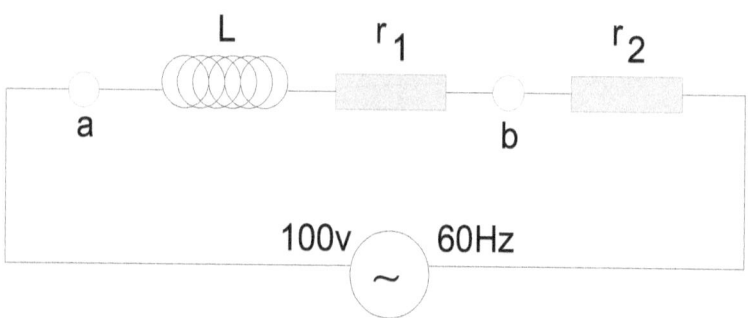

SOLUCIÓN:

$L\omega = L2\pi f = \dfrac{1}{10\pi} * 2\pi * 60 = 12$ y como: $Z = (r_1 + r_2) + X_L j$ ⇒

$Z = 16 + 12j$ ⇒ $i = \dfrac{100}{16^2 + 12^2} = 5A$ y de esta manera, tenemos:

$V_{ab} = i|Z_{ab}| = 5 * \sqrt{5^2 + 12^2}$ pues: $Z_{ab} = r_1 + 12j$ ⇒

$V_{ab} = 5 * 13v$ ⇒ $V_{ab} = 65v$

19: frecuencia y máxima intensidad

En un circuito alimentado por una red de corriente alterna de **110v** pero de frecuencia variable, hay instalados en serie una resistencia de *2,3Ω* una autoinducción de *10mHy* y una capacidad de *515 μF*

¿Para qué frecuencia se consigue la máxima intensidad en el circuito y cuál es ésta?.

¿Cuál sería dicha intensidad al conectarlo a una red de **110v** y **50Hz**?

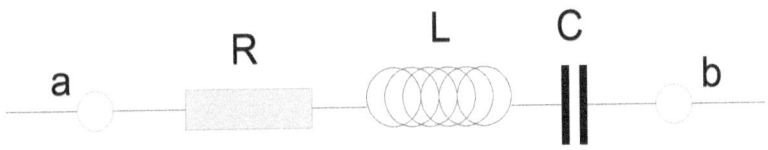

SOLUCION:

$$Z = R + \left(L\omega - \frac{1}{C\omega}\right)j \quad y \quad |Z| \quad \text{es mínima cuando:} \quad L\omega - \frac{1}{C\omega} = 0 \Rightarrow$$

$$\omega = \frac{1}{\sqrt{LC}} = \frac{1}{\sqrt{10*10^{-3}*515*10^{-6}}} = 440,65 \quad y\,como:$$

$$f = \frac{\omega}{2\pi} \Rightarrow f = 70,13\,Hz \quad \text{por otra parte:}$$

$$i = \frac{V_{ab}}{\sqrt{R^2 + \left(L\omega - \frac{1}{C\omega}\right)^2}} = 110*(43^2 + (10^{-2}*10^2\pi - (1/(515*10^{-6}*10^2\pi)))^2)^{-1/2}$$

Y así: $i = 28,86\,A$

20: impedancia y diferencia de fase

En el circuito siguiente, el generador posee una amplitud de voltaje constante de **50v** y una pulsación de $10^3\,rd/s$

La resistencia **R** es de *300 Ω* y *L=0,9 Hy*

a) ¿Cuál es la impedancia del circuito?.
b) ¿Cuál es la amplitud de la intensidad?.
c) Calcular la amplitud del voltaje a través de la resistencia y de la autoinducción.
d) ¿Cuál es la diferencia de fase?. ¿Está la intensidad retrasada?.

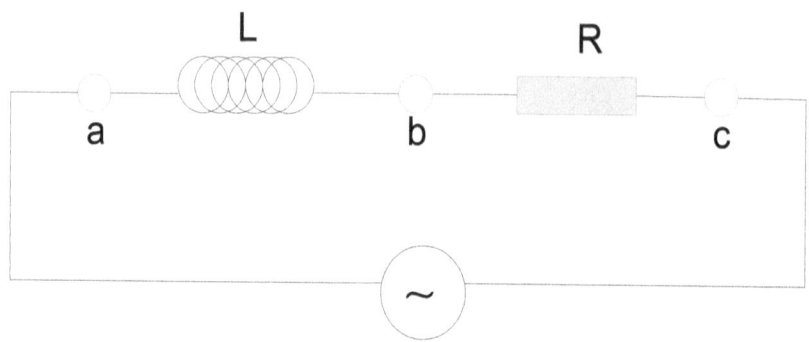

SOLUCIONES:

a) $Z = R + L\omega j = 300 + 0,9*10^3 j$ ⇒ $\boldsymbol{Z = 300 + 900j}$

b) $I = \dfrac{V}{|Z|} = \dfrac{50}{\sqrt{300^2 + 900^2}}$ ⇒ $\boldsymbol{I = 53*10^{-3} A}$

c) $V_{ab} = \dfrac{I}{|Z|_{ab}} = IL\omega = 53*10^{-3}*900$ ⇒ $\boldsymbol{V_{ab} = 47,7 v}$
   $V_{bc} = IR = 53*10^{-3}*300$ ⇒ $\boldsymbol{V_{bc} = 15,9 v}$

d) $\tan\phi = \dfrac{900}{300}$ ⇒ $\boldsymbol{\phi = 72°}$ *La intensidad **va retrasada 72°** respecto al voltaje*

Ejercicios de Física: 6 Corriente Continua y Alterna

21: potencia activa y reactiva

En el circuito de la figura siguiente calcular:

a) Las intensidades en cada rama y la intensidad total.

b) La potencia activa y reactiva del circuito.

c) El factor de potencia.

d) Las fases de los voltajes en cada rama.

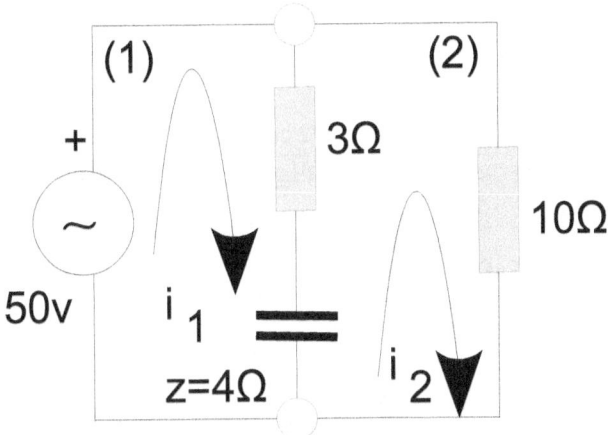

SOLUCIONES:

$$\begin{pmatrix} 50 \\ 0 \end{pmatrix} = \begin{pmatrix} 3-4i & -3+4j \\ -3+4j & 13-4j \end{pmatrix} \begin{pmatrix} i_1 \\ i_2 \end{pmatrix} \quad \text{y por lo tanto:}$$

a)
$$i_1 = \begin{vmatrix} 50 & -3+4j \\ 0 & 13-4j \end{vmatrix} / \begin{vmatrix} 3-4j & -3+4j \\ -3+4j & 13-4j \end{vmatrix} \quad \text{con lo que:}$$

$i_1 = 11+8jA;\ i_2 = 5A;\ i' = i_1 - i_2 = 6+8j \qquad \text{con:} \qquad i_T = i_1$

b) $\dfrac{1}{Z} = \dfrac{1}{Z_1} + \dfrac{1}{Z_2} = \dfrac{1}{3-4j} + \dfrac{1}{10} \;\Rightarrow\; Z = \dfrac{30-40j}{13-4j} \;\Rightarrow\; Z = \dfrac{1}{37}*(110-80j)$

$$\tan\phi = \frac{-80}{110} \Rightarrow \cos\phi = 0,810$$

c)
$$\left.\begin{array}{l} P_{activa} = VI\cos\phi = 50*\sqrt{11^2+8^2}\cos\phi \Rightarrow P_{activa} = 550w \\ P_{reactiva} = VI\sin\phi = 50*\sqrt{11^2+8^2}\sin\phi \Rightarrow P_{reactiva} = -400w \end{array}\right\}$$

d)
$$\left.\begin{array}{l} Z_2 = 10 \Rightarrow \tan\phi_2 = 0 \Rightarrow \phi_2 = 0 \\ Z' = 3-4j \Rightarrow \tan\phi' = \frac{-4}{3} \Rightarrow \phi' = -53,2° \end{array}\right\}$$

22: intensidad, potencia y ángulos de fase

En el circuito de la figura siguiente, calcular:

a) La intensidad de corriente de cada rama.

b) La potencia activa del circuito.

c) Los ángulos de fase de cada rama.

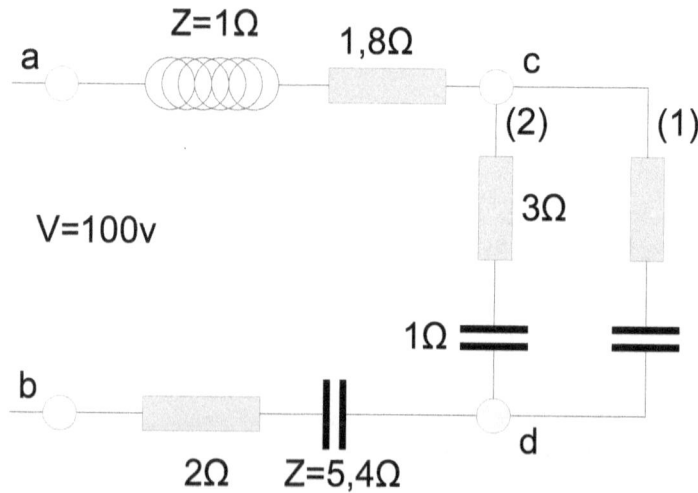

SOLUCIONES:

a) $\left.\begin{array}{l}Z_1=3-j\\Z_2=3-j\end{array}\right\}$ $\Rightarrow$ $\dfrac{1}{Z_{1,2}}=\dfrac{1}{Z_1}+\dfrac{1}{Z_2}$ $\Rightarrow$ $Z_{1,2}=0,5*(3-j)$ además:

$\left.\begin{array}{l}Z_{ac}=1,8+j\\Z_{bd}=2-5,4j\end{array}\right\}$ $\Rightarrow$ $Z=0,5*(3-j)+(1,8+j)+(2-5,4j)=5,3-4,9j$

Así: $I=\dfrac{100}{\sqrt{5,3^2+4,9^2}}$ $\Rightarrow$ $I=13,85\,A$

b) $P_{activa}=VI\cos\phi$ y como: $\cos\phi=\dfrac{R_T}{Z}$ $\Rightarrow$ $\cos\phi=\dfrac{5,3}{\sqrt{5,3^2+4,9^2}}$ así:

$P_{activa}=1.016,97\,w$

c) $\left.\begin{array}{l}Z_1=Z_2=3-j \Rightarrow \tan\Phi_1=\dfrac{-1}{3} \Rightarrow \Phi_1=-18,43°\\Z_{ac}=1,8+j \Rightarrow \tan\Phi_{ac}=\dfrac{1}{1,8} \Rightarrow \Phi_{ac}=29,05°\\Z_{db}=2-5,4j \Rightarrow \tan\Phi_{db}=\dfrac{-2}{5,4} \Rightarrow \Phi_{db}=-20,32°\end{array}\right\}$

23: circuito con elementos puros-1

Dos elementos puros de un circuito en serie tienen la siguiente corriente y tensión: $V=150\sin(500t+10°)$ e $i=13,42\sin(500t-53,4°)$ dados en **v** y **A** respectivamente.

Calcular tales elementos.

SOLUCIÓN:

$\Phi = 10 - (-53,4) = 63,4°$ ⇒ *La intensidad va atrasada 63,4° respecto al voltaje y por lo tanto un elemento ha de ser un X_L y así:*

$$Z = R + X_L j \quad con: \quad |Z| = \frac{V_{max}}{I_{max}} = \frac{150}{13,42} = 11,18 \quad y\, como: \quad \cos\Phi = \frac{R}{|Z|} \Rightarrow$$

$R = |Z|\cos\Phi = 11,18\cos 63,4°$ ⇒ **$R = 5\,\Omega$** *Por otra parte:*

$X_L = \sqrt{|Z|^2 - R^2} = \sqrt{11,18^2 - 5^2}$ ⇒ **$X_L = 9,99\,\Omega$** *y como:*

$X_L = L\omega$ ⇒ $L = \dfrac{X_L}{\omega}$ *y así, la autoinducción es:* **$L = 0,02\,Hy$**

24: circuito con elementos puros-2

Un circuito en serie, compuesto por dos elementos puros, tiene la siguiente corriente: $i = 4\cos(2.000t + 13,2°)$ y la siguiente tensión: $V = 200\sin(2.000t + 50°)$ dados en **amperios** y **voltios**.

Calcular tales elementos puros.

SOLUCIÓN:

$\cos\Phi = \sin(\Phi + 0,5\pi)$ ⇒ $i = 4\sin(2.000t + 103,2°)$ *y por otro lado:*

$|Z| = \dfrac{V_{max}}{i_{max}} = \dfrac{200}{4} = 50\,\Omega$ *y además:* $R = 50\cos(-53,2)$ ⇒ **$R = 30\,\Omega$**

Por otra parte, como:

$\left. \begin{array}{l} X_C = \sqrt{|Z|^2 - R^2} \\ X_C = \dfrac{1}{C\omega} \\ \omega = 2.000 \end{array} \right\}$ ⇒ **$C = 12,5\,\mu F$**

25: cálculo de R y C en un circuito

En el circuito de la figura siguiente, la tensión y la corriente son:

$$V = 353,5\cos(3.000t - 10°)v \quad e \quad i = 12,5\cos(3.000t - 55°)A$$

Siendo la autoinducción **L=0,01Hy**

Calcular **R** y **C**

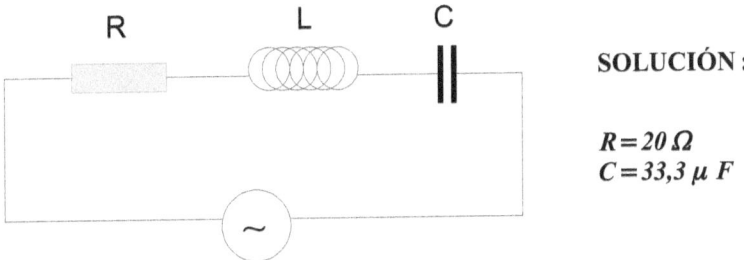

SOLUCIÓN:

$R = 20 \, \Omega$
$C = 33,3 \, \mu F$

26: funciones tensión y corriente

En el circuito en paralelo de la figura siguiente, la función de tensión es:

$$V = 100\sin(1.000t + 50°)v$$

Expresar la intensidad de la corriente total mediante una **función seno**.

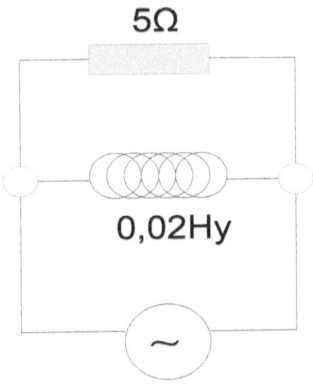

SOLUCIÓN:

$L = 0,02 \Rightarrow X_L = L\omega = 0,02*1.000 = 20\,\Omega$

$\dfrac{1}{Z} = \dfrac{1}{5} + \dfrac{1}{20j} \Rightarrow Z = \dfrac{2.000 + 500j}{425}$ *por otra parte*:

$I_{max} = \dfrac{V_{max}}{|Z|} = 100*425*\sqrt{2.000^2 + 500^2} = 20,62\,A$ *y como*:

$\tan\Phi = \dfrac{500}{2.000}$ *con Φ el ángulo que V va adelantado respecto de i, entonces*:

$\Phi = 14,04° \Rightarrow \Phi' = 50 - 14,04 = 35,96°$ *y por lo tanto*:

$i = 20,62\sin(1.000t + 35,96°)$

27: caída de tensión en elementos serie

Por la siguiente asociación de elementos en serie circula una corriente: $i = 3\cos(5.000t - 60°)$

Calcular la caída de tensión en cada elemento y la caída de tensión total.

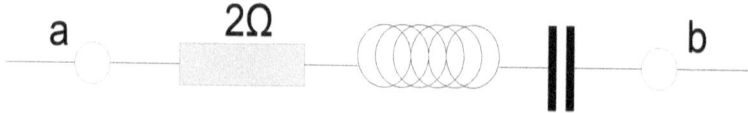

SOLUCIÓN:

$Z = 2 + \left(1,6*10^{-3}*5.000 - \dfrac{1}{20*10^{-6}*10^3*5}\right)j = 2 - 2j$ *además*:

$\tan\Phi = \dfrac{-2}{2} = -1 \Rightarrow \Phi = 45° \Rightarrow$ *El voltaje va atrasado 45° respecto a la intensidad. Por otra parte tenemos que*:

$V_{max} = I_{max}|Z| = 3\sqrt{4+4} = 6\sqrt{2}\,v \Rightarrow V_T = 6\sqrt{2}\cos(5.000t - 105°)$
con: $-105 = -60 - 45$

Para cada elemento lo que varía es la impedancia, por lo tanto :

$V_R = 6\cos(5.000t - 60°)$
$V_C = 30\cos(5.000t - 150°)$
$V_L = 24\cos(5.000t + 30°)$

28: intensidad estacionaria

En el circuito de la figura siguiente calcular:

a) La intensidad estacionaria en la autoinducción.

b) El crecimiento de la corriente **0,05s** después de cerrarse el interruptor.

c) La diferencia de potencial entre los bornes de la autoinducción **0,025s** después de cerrado el interruptor.

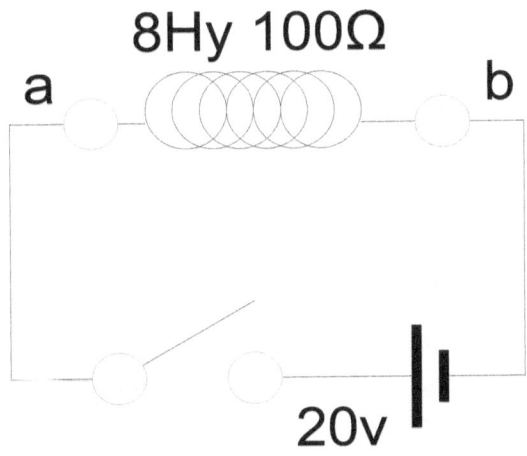

29: frecuencia de resonancia

Calcular la capacidad de un condensador para que la frecuencia de resonancia, cuando se le conecta en serie una bobina de *10Hy y 200Ω* sea de **50Hz**

SOLUCIÓN:

Un circuito entra en resonancia cuando: $2\pi fL = \dfrac{1}{2\pi fC} \Rightarrow C = \dfrac{1}{4\pi^2 f^2 L}$

Entonces: $C = \dfrac{1}{4\pi^2 * 50^2 * 10} \Rightarrow C = 1{,}013 * 10^{-6} F$

30: impedancia, factor de potencia de circuito

Un circuito en serie está formado por un condensador de **5μF**, una bobina inductora de **1Hy y 10Ω** y una resistencia de **50Ω**. Si la frecuencia es de **100Hz**

Calcular:

a) La impedancia del circuito.

b) El factor de potencia del mismo.

SOLUCIONES:

$Z = R + Xj$ con: $X = X_L - X_C$ donde:

a) $X_L = 2\pi fL = 2\pi * 100 * 1 = 628 \,\Omega$
$X_C = \dfrac{1}{2\pi fC} = \dfrac{1}{2\pi * 100 * 15 * 10^{-6}} = 318{,}3\,\Omega$ $\Rightarrow Z = 60 + 309{,}7 j$

b) $|Z| = \sqrt{60^2 + 309{,}7^2} = 315{,}5\,\Omega$ y: $\cos\Phi = \dfrac{R}{|Z|} = \dfrac{60}{315} * 5 \Rightarrow \cos\Phi = 0{,}19$

31: impedancia de un circuito

Calcular la impedancia del circuito siguiente, donde el valor de las resistencias equivalente están en ohmios (Ω)

Ejercicios de Física: 6 Corriente Continua y Alterna

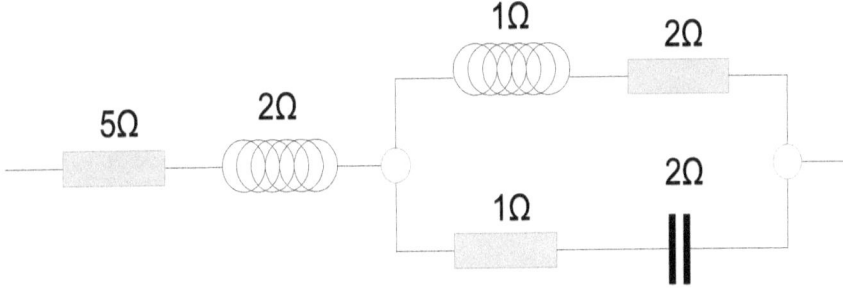

SOLUCIÓN:

Si Z_1 es la impedancia de la zona horizontal, Z_2 rama superior y Z_3 la inferior:

$$\left.\begin{array}{l} Z_1=5+2j \\ Z_2=2+j \\ Z_3=1-2j \end{array}\right\} \Rightarrow Z=Z_p+Z_1 \quad con: \quad \frac{1}{Z_p}=\frac{1}{Z_2}+\frac{1}{Z_3}=\frac{3-j}{4-3j} \Rightarrow$$

$$Z=\frac{4-3j}{3-j}+5+2j \Rightarrow \boldsymbol{Z=6,5+1,5\,j}$$

32: potencias activa, reactiva y factor

En el circuito de la figura siguiente calcular las intensidades de corriente en cada rama, así como:

a) Las potencias activa y reactiva del circuito.

b) El factor de potencia.

c) Las fases de los voltajes en cada rama.

SOLUCIONES:

a) $\left.\begin{array}{l} Z_A=1-j \\ Z_B=1+2j \end{array}\right\} \Rightarrow \frac{1}{Z_p}=\frac{1}{Z_A}+\frac{1}{Z_B} \Rightarrow Z_p=1,4-0,2\,j \quad$ y por lo tanto:

43

$Z_t = (1+2j)+(2-j)+(1,4-0,2j) = 4,4-0,8j \Rightarrow$

$i_t = \dfrac{V}{Z_t} = \dfrac{100}{4,4-0,8j} = 22-4j \Rightarrow V_{ab} = i_t Z_p = 30-10j \quad y\ así:$

* **Por la rama A**: $30-10j = i_A(1-j) \Rightarrow i_A = 20+10j$
* **Por la rama B**: $30-10j = i_B(1+2j) \Rightarrow i_B = 2-14j$

$P_{activa} = 100*22,36*0,984 \Rightarrow \mathbf{P_{activa} = 2.200w}$
$P_{reactiva} = 100*22,36*0,1789 \Rightarrow \mathbf{P_{reactiva} = 400w}$ $\quad donde:$

$\cos\alpha = 0,984 \quad y \quad \sin\alpha = 0,1789$

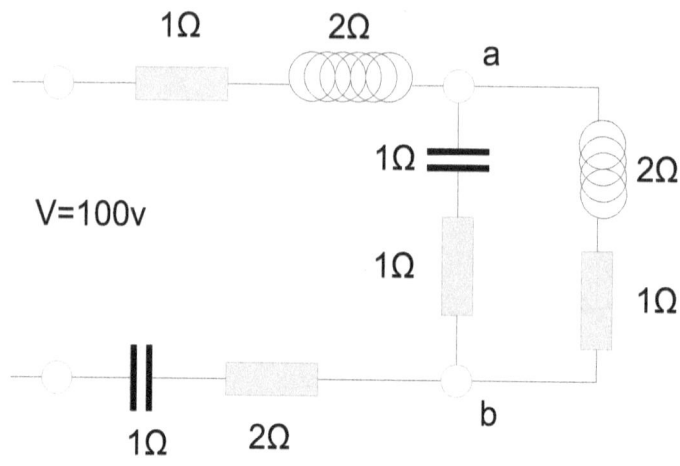

b) $P_{activa} = Vi\cos\alpha \quad con: \quad \cos\alpha = \dfrac{R}{Z} = \dfrac{4,4}{4,472} \Rightarrow \cos\alpha = 0,984$

* **Ramas horizontales:**

$\Phi_Z = \arccos 0,984 \Rightarrow \Phi_Z = 10°15' \Rightarrow \boldsymbol{\Phi_V = -10°15'}$

c) * **Rama A**: $\Phi_{Z_A} = \arctan -\dfrac{1}{1} \Rightarrow \Phi_{Z_A} = -45° \Rightarrow \boldsymbol{\Phi_{V_A} = 45°}$

* **Rama B**: $\Phi_{Z_B} = \arctan \dfrac{2}{1} \Rightarrow \Phi_{Z_B} = 63°25' \Rightarrow \boldsymbol{\Phi_{V_B} = -63°25'}$

33: reactancia elevadora factor de potencia

En el circuito de la figura siguiente calcular:

a) La naturaleza y la reactancia de elemento **X** que eleva el factor de potencia a la unidad.

b) Las intensidades en cada rama.

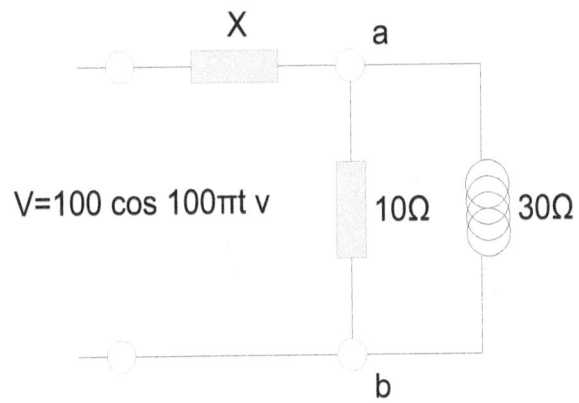

SOLUCIONES:

a) $\cos\Phi = 1$ cuando: $X_L = X_C$ y como: $\dfrac{1}{Z_p} = \dfrac{1}{10} + \dfrac{1}{30j}$ $\Rightarrow$ $Z_p = 9 + 3j$

X es un condensador cuya reactancia es: 3Ω y así: $Z_t = Z_p - 3j = 9\Omega$

De esta manera: $X_C = \dfrac{1}{C\omega}$ $\Rightarrow$ $C = \dfrac{1}{100\pi\, 3}$ $\Rightarrow$ $C = 1.061\,\mu F$

b)
$i_t = \dfrac{100}{9} \cos 100\pi t = 11,11 \cos 100\pi t\ A$ y por otro lado:

$V_{ab} = 100 - V_X$ con: $V_X = iX_C = 11,11 * (-3j) = -33,33\,j$ $\Rightarrow$

$V_{ab} = 100 - 33,33\,j$ $\Rightarrow$ $\Phi_{V_{ab}} = \arctan \dfrac{33,33}{100} = 18°26' = 0,32\,rd$ $\Rightarrow$

$V_{ab} = \sqrt{100^2 + 33,33^2}\cos(100\pi t - 18°26') = 105,4\cos(100\pi t - 0,32)$ $\Rightarrow$

$i_R = \dfrac{V_{ab}}{R}$ $\Rightarrow$ $i_R = 10,54\cos(100\pi t - 032)\,A$

$$i_L = \frac{V_{ab}}{X_L} \Rightarrow i_L = 3{,}51 \cos\left(100\pi t - 0{,}32 - \frac{\pi}{2}\right) A$$

34: impedancia y desfase

Calcular la impedancia del circuito siguiente y el desfase entre la intensidad y tensión alterna de tal circuito.

SOLUCIONES:

$$\left. \begin{array}{l} I_R = \dfrac{V}{R} \\ I_C = \dfrac{V}{1/(C\omega)} \\ I_L = \dfrac{V}{L\omega} \end{array} \right\} \quad y\ como: \quad Z = \dfrac{V}{I} = \dfrac{V}{\sqrt{I_R^2 + (I_C - I_L)^2}} \quad y\ por\ lo\ tanto:$$

$$Z = \frac{V}{\sqrt{\dfrac{V^2}{R^2} + V^2\left(C\omega - \dfrac{1}{L\omega}\right)^2}} \Rightarrow Z = \left(\dfrac{1}{R^2} + \left(C\omega - \dfrac{1}{L\omega}\right)^2\right)^{-1/2} \quad además:$$

$$\tan\Phi = \frac{I_C - I_L}{I_R} \Rightarrow \Phi = \arctan\frac{C\omega - \dfrac{1}{L\omega}}{1/R}$$

35: reactancia, impedancia y resonancia

Un circuito tiene una resistencia de *40Ω* una autoinducción de *0,1Hy* y una capacidad de $10^{-5}F$

Si se le aplica una fuerza electro motriz de *60Hz* calcular la reactancia, impedancia, desfase de la corriente y la frecuencia de resonancia del circuito.

SOLUCIONES:

$$X = X_L - X_C = L\omega - \frac{1}{C\omega} \quad donde: \quad \omega = 2\pi f = 120\pi \Rightarrow \boldsymbol{X = 227\,\Omega}$$

$$Z = \sqrt{R^2 + X^2} \Rightarrow \boldsymbol{Z = 231\,\Omega}$$

$$\tan\Phi = \frac{X}{R} \Rightarrow \tan\Phi = -5{,}68 \Rightarrow \boldsymbol{\Phi = -80{,}02^\circ}$$

$$Se\ dará\ la\ resonancia\ cuando: \quad \omega_o L = \frac{1}{C\omega_o} \Rightarrow \omega_o = \sqrt{\frac{1}{LC}} = \sqrt{\frac{1}{0{,}1*10^{-5}}} \Rightarrow$$

$$\omega_o = 10^{-3} s^{-1} \Rightarrow f_o = \frac{\omega_o}{2\pi} \Rightarrow \boldsymbol{f_o = 159\,Hz}$$

36: reactancias inductiva y capacitativa

En el circuito de la figura siguiente, el voltímetro señala *60 v* de diferencia de potencial eficaz, el valor eficaz de la diferencia de potencial entre los bornes del generador es de $E_e = 100v$ la frecuencia de la corriente alterna es de $400\pi\,s^{-1}$, el coeficiente de autoinducción de la bobina es *0,1Hy* y la capacidad del condensador es de $25\,\mu F$

Calcular:

a) Las reactancias inductiva y capacitativa.
b) La intensidad que circula por el circuito.
c) El valor de la resistencia **R**
d) La potencia media suministrada por el generador.

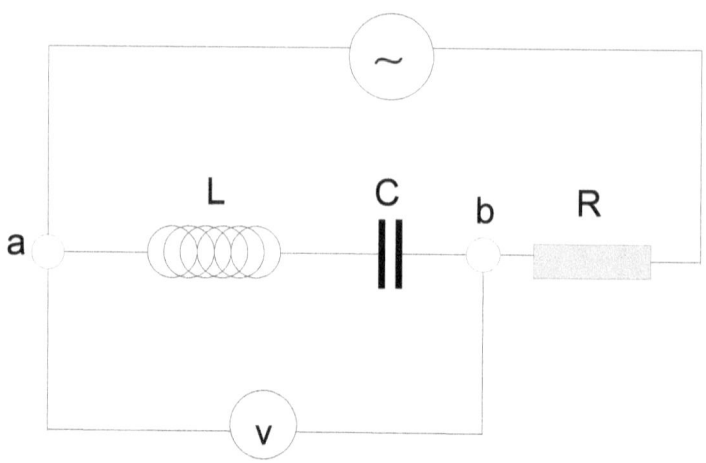

SOLUCIONES:

a) $X_L = L\omega = 2\pi fL = 0,1 * 2\pi * \dfrac{400}{\pi} \Rightarrow X_L = 80\,\Omega$

$X_C = \dfrac{1}{C\omega} = \dfrac{1}{25*10^{-6}*800} \Rightarrow X_C = 50\,\Omega$

b) $I = \dfrac{V}{Z} \Rightarrow I_e = \dfrac{V_e}{Z}$ con: $Z = \sqrt{R^2 + X^2} = X$ pues entre a y b sucede que:

$R = 0$ con: $X = X_L - X_C = 30\,\Omega \Rightarrow I_e = \dfrac{V_e}{X} = \dfrac{60}{30} \Rightarrow \boldsymbol{I_e = 20A}$

c) En todo el circuito: $I_e = \dfrac{E_e}{\sqrt{R^2 + X^2}} \Rightarrow R = \sqrt{\left(\dfrac{E_e}{I_e}\right)^2 - X^2} \Rightarrow \boldsymbol{R = 40\,\Omega}$

d) $P_m = I_e E_e \cos\Phi$ $con:$ $\cos\Phi = \dfrac{R}{Z}$ $\Rightarrow$ $P_m = 160w$

37: potencia media y potencia instantánea

Los datos del circuito de la figura siguiente son:

$$f = 50Hz; \quad V = 250*\sqrt{2}\sin\omega\, t; \quad R_1 = 3.000\,\Omega; \quad R_2 = 600\,\Omega$$

$$L = \dfrac{10}{\pi} Hy \quad y \quad C = \dfrac{20}{\pi}\mu F$$

Calcular:

1) La intensidad que circula por el circuito y las que recorren las resistencias R_1 y R_2
2) El valor eficaz de la diferencia de potencial entre **A** y **B**
3) La potencia media, ¿cuál es el factor de potencia?.
4) La potencia instantánea para **t=1,01s**

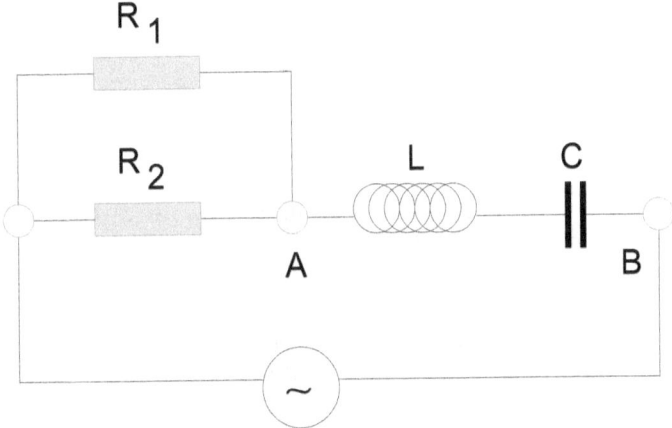

Gregorio Chenlo Romero (gregochenlo.blogspot.com)

SOLUCIONES:

1) $I_e = \dfrac{V_e}{Z}$ $\Rightarrow$ $V_e = \dfrac{V}{\sqrt{2}}$ con: $Z = \sqrt{R^2 + \left(L\omega - \dfrac{1}{C\omega}\right)^2}$ y por otro lado:

$\dfrac{1}{R} = \dfrac{1}{R_1} + \dfrac{1}{R_2}$ $\Rightarrow$ $R = 500\,\Omega$ y: $\omega = 2\pi f = 100\pi\,s^{-1}$ y: $L\omega - \dfrac{1}{C\omega} = 500\,\Omega$

Así: $Z = 500\sqrt{2}\,\Omega$ $\Rightarrow$ $I_e = \dfrac{\sqrt{2}}{4}A$ e: $I_e = I_1 + I_2$ con: $I_1 R_1 = I_2 R_2$ $\Rightarrow$

$I_1 = \dfrac{\sqrt{2}}{24}A$ e $I_2 = 5\dfrac{\sqrt{2}}{24}A$

2) $V_A - V_B = I_e\left(L\omega - \dfrac{1}{C\omega}\right)$ $\Rightarrow$ $V_A - V_B = 125\sqrt{2}\,v$

3) $P_m = I_e^2 R = \left(\dfrac{\sqrt{2}}{4}\right)^2 * 500$ $\Rightarrow$ $P_m = 62{,}50\,w$ y por otra parte:

$\cos\Phi = \dfrac{R}{Z}$ $\Rightarrow$ $\cos\Phi = \dfrac{\sqrt{2}}{2}$

4) $P(t) = V(t)I(t) = 250 * \sqrt{2}\sin\omega t * \dfrac{1}{2}\sin(\omega t - \Phi)$ con:

$\Phi = \arccos\dfrac{\sqrt{2}}{2} = 45°$ y por lo tanto:

$P_{(1,01)} = 125 * \sqrt{2}\sin 100\pi * 1{,}01\sin\left(101\pi - \dfrac{\pi}{4}\right) =$

$= 125 * \sqrt{2}\sin 101\pi \sin\left(403\dfrac{\pi}{4}\right)$

Y así: $P_{(1,01)} = 0$

38: capacidad y factor de potencia

Un tubo fluorescente consume **60w** a unta tensión alterna de $V_e = 120v$ y **50Hz**

Si el tubo, debido a su inductancia, tiene un factor de potencia **0,5** ¿qué capacidad debe colocarse en paralelo para que el factor de potencia sea **1**?.

SOLUCIÓN:

$$P_m = V_e I_e \cos\Phi = I_e^2 R \Rightarrow I_e = \frac{P_m}{V_e \cos\Phi} \Rightarrow I_e = \frac{60}{120*0,5} = 1A \quad además:$$

$$R = \frac{P}{I_e^2} = \frac{60}{1^2} \Rightarrow R = 60\,\Omega \quad y\,como: \quad \tan\Phi = \frac{L\omega}{R} = \frac{\sin\Phi}{\cos\Phi} = \frac{\sqrt{1-\cos^2\Phi}}{\cos\Phi} \Rightarrow$$

$$L = \frac{R}{\omega} * \frac{\sqrt{1-\cos^2\Phi}}{\cos\Phi} \Rightarrow L = 0,33\,Hy$$

Ahora, al conectar el circuito, éste queda como el que sigue:

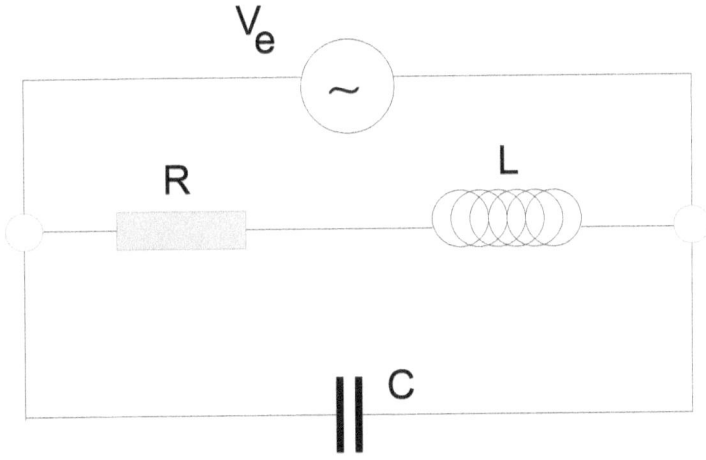

Donde: $I_C = \dfrac{V_e}{1/(C\omega)}$ *y además:*

$I_{RL} = \dfrac{V_e}{\sqrt{R^2 + L^2\omega^2}}$ *y así, tenemos:*

$\cos\Phi = C\omega\sqrt{R^2 + L^2\omega^2}$

Por lo tanto:

$$C = \frac{0,5}{\sqrt{100\,\pi*(60^2 + 0,33^2*100^2*\pi^2)}} \Rightarrow C = 1,33*10^{-5}\,F$$

39: transformador de corriente

Un aparato de **300w** y **125v** se debe utilizar en una instalación que suministra corriente alterna de **220v**

¿Qué intensidades pasa por los circuitos primario y secundario del transformador utilizado?.

SOLUCIÓN:

$I_e = 2{,}40\ A$ (Para el secundario)
$I'_e = 1{,}36\ A$ (Para el primario)

40: diferencia potencial con 3 generadores

Calcular la diferencia de potencial entre los puntos **A** y **B** a través de las tres ramas conectadas entres ellos. Los generadores son de **3v** de fuerza electro motriz y **1Ω** de resistencia interna, además, en la figura: $R_1 = 3\Omega$; $R_2 = 1\Omega$ y $R_3 = 5\Omega$

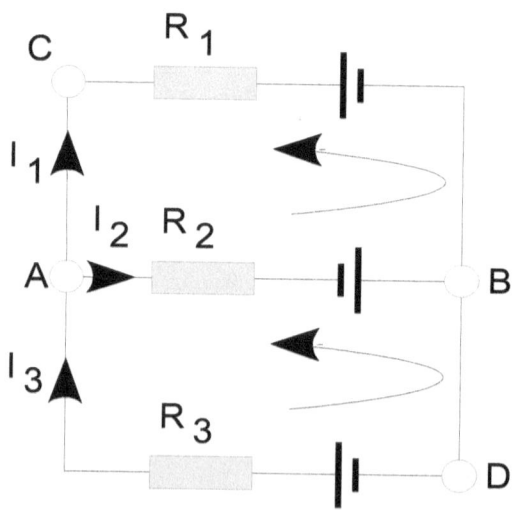

SOLUCIÓN:

A través de las tres ramas: $V_A - V_B$ *tiene igual valor de*:

$$V_A - V_B = \frac{-3}{11} v$$

41: potenciales, intensidades complejas

Resolver el circuito de la figura adjunta, calculando:

a) Diferencias de potencial siguientes: V_{ab}, V_{bo} y V_{ao}

b) Las intensidades que circulan por las distintas ramas.

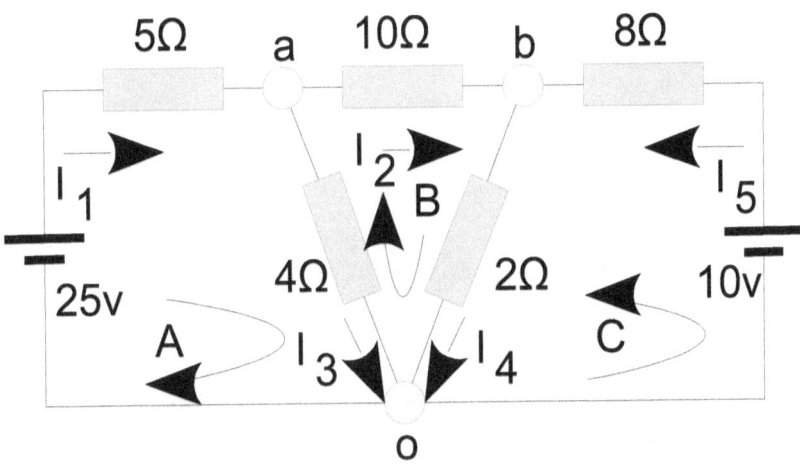

SOLUCIÓN:

b) $\left. \begin{array}{l} \textbf{Nudo a:} \quad I_2 + I_3 = I_1 \\ \textbf{Nudo b:} \quad I_2 + I_5 = I_4 \end{array} \right\}$ *Y por otro lado*:

Malla A: $5I_1 + 4I_3 = 25$
Malla B: $10I_2 + 2I_4 - 4I_3 = 0$
Malla C: $8I_5 + 2I_4 = 0$

Entonces:

$$I_1 = \frac{955}{311} A$$
$$I_2 = \frac{205}{311} A$$
$$I_3 = \frac{750}{311} A$$
$$I_4 = \frac{475}{311} A$$
$$I_5 = \frac{270}{311} A$$

Aplicando: $V_x = I_x R_x$ en cada rama tendremos:

a)
$V_{ab} = I_2 * 10 \Rightarrow V_{ab} = \frac{2.050}{311} v$
$V_{bo} = I_2 * 2 \Rightarrow V_{bo} = \frac{410}{311} v$
$V_{ao} = I_3 * 4 \Rightarrow I_{ao} = \frac{3.000}{311} v$

42: fuerza electro motriz en una pila

Dado el circuito de la figura siguiente.

Calcular la fuerza electro motriz de la pila que hay que colocar entre los puntos **A** y **B** para que no circule corriente a través de la resistencia **R**

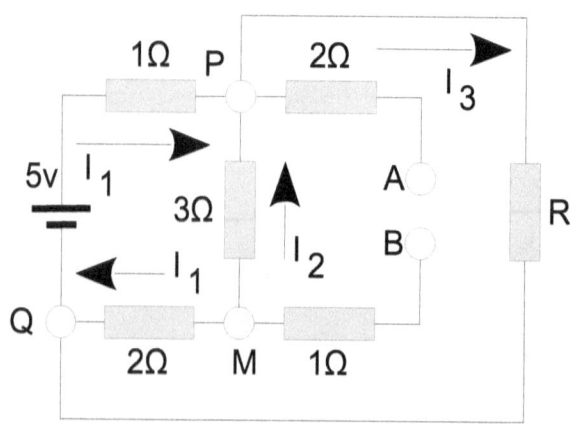

SOLUCIÓN:

Para que no circule corriente por R, ha de suceder que: $V_P - V_Q = 0$ ⇒
$V_P - V_Q = 5 - I_1 * 1$ ⇒ $I_1 = 5A$ *y como además:*
$-3I_2 + 2I_1 = 0$ ⇒ $I_2 = \frac{10}{3} A$ e $I_3 = I_1 + I_2 = \frac{25}{3} A$

*Y aplicando la **Segunda Ley de Kirchoff** a la malla ABMP, tenemos que:*

$E = 3I_3 + I_2$ ⇒ **E = 35v**

43: anular un potencial en un circuito

Dado el siguiente circuito, calcular el valor de la resistencia **X** para que **G'** no marque diferencia de potencial y con $R = 20\,\Omega$

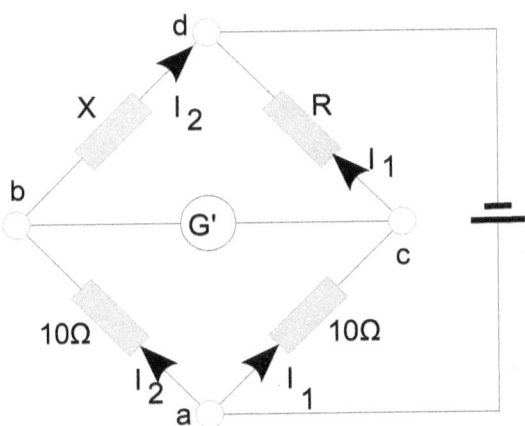

SOLUCIÓN:

Si G' no marca diferencia de potencial ⇒ $V_b = V_c$ *entonces:*
$V_{ab} = V_{bc}$ y $V_{bd} = V_{cd}$ ⇒ $I_1 = I_2$ e $I_3 = I_4$ *y por lo tanto:*

$10I_1 = 10I_3$ e $I_1 R = I_3 X$ $I_1 = I_3$ y $X = R$ *y de esta manera:*
X = 20 Ω

44: impedancia, intensidad y desfase

Un circuito consta de una resistencia de 40Ω en serie con un condensador de $10\mu F$

Se aplica en los bornes del circuito una diferencia de potencial alterna de valor **V=110v** y **f=60Hz**

Calcular:

1) La impedancia del condensador y la impedancia total del circuito.
2) La intensidad en el circuito.
3) La diferencia de fase entre la corriente y la diferencia de potencial entre los bornes del circuito.

SOLUCIONES:

1) $X_C = \dfrac{1}{C\omega} = \dfrac{1}{2\pi fC} = \dfrac{1}{6,28*60*10*10^{-6}} \Rightarrow X_C = 265,6\Omega$ además:

$Z = \sqrt{R^2 + X_C^2} = \sqrt{1.600 + 265,6^2} \Rightarrow Z = 268,7\Omega$

2) $I = \dfrac{V}{Z} = \dfrac{110}{268,7} \Rightarrow I = 0,41 A$

3) $\tan\Phi = \dfrac{-X_C}{R} = \dfrac{-265,6}{40} \Rightarrow \Phi = -81°30'$ Y así, la intensidad va **adelantada** $-\Phi°$ respecto a la diferencia de potencial entre los bornes.

45: impedancia, fase y diagrama vectorial

Un circuito en serie, que está formado por una resistencia de 1.000Ω, una autoinducción de **0,5Hy** y una capacidad de $0,2\mu F$, se conecta a una línea de **360v** de tensión alterna y **5.000rd/s** de frecuencia angular.

Calcular:

a) La impedancia del circuito para tal frecuencia y la intensidad de la corriente que circula por él.

b) La diferencia de fase entre la corriente y la tensión suministrada.

c) Dibujar un diagrama vectorial del circuito.

SOLUCIONES:

a) $X_L = L\omega = 5.000 * 0,5 = 2.500 \Omega$
$X_C = \dfrac{1}{C\omega} = \dfrac{1}{0,2*10^{-6}*10^3*5} = 10^3 \Omega$
$Z = \sqrt{R^2 + (X_L - X_C)^2}$
$\Rightarrow I = \dfrac{V}{Z} = \dfrac{360}{1.800}$
$Z = 1.800 \Omega$
$\Rightarrow I = 0,2 A$

b) $\tan \Phi = \dfrac{X_L - X_C}{R} \Rightarrow \Phi = \arctan(2.500 - 1.000)*10^{-3} \Rightarrow \Phi = 56°18'36''$

c)

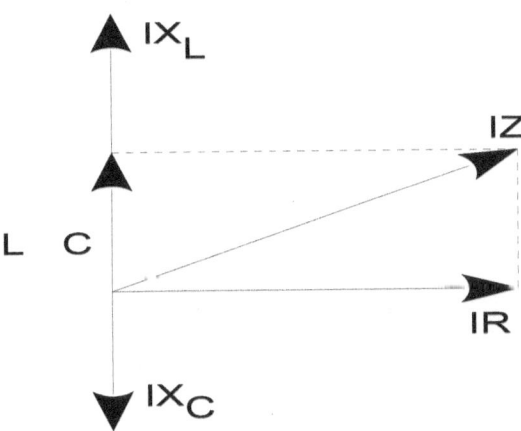

46: funciones V e I en un circuito RC

Un circuito está formado por un generador de corriente alterna, una resistencia **R** una capacidad **C** y una autoinducción **0,01Hy** todas en serie.

Los valores instantáneos de la tensión, en voltios y de la intensidad, en amperios y el tiempo en segundos son:

$$V = 250*\sqrt{2}\cos(3.000t - 10°)$$
$$i = 12,5\cos(3.000t - 55°)$$

Calcular los valores de **R** y de **C**

SOLUCIÓN:

El ángulo de desfase entre V e i es: $\Phi = 55 - 10 = 45°$ y por lo tanto:

$\tan\Phi = \dfrac{X_L - X_C}{R} = 1 \Rightarrow X_L - X_C = R$ y como: $Z = \dfrac{V_m}{I_m}$ entonces:

$Z = \dfrac{250*\sqrt{2}}{12,5} = 20*\sqrt{2} = \sqrt{R^2 + (X_L - X_C)^2} \Rightarrow 20*\sqrt{2} = \sqrt{2R^2} \Rightarrow \mathbf{R = 20\,\Omega}$

$X_L = \omega L = 3.000 * 0,01 = 30\,\Omega \Rightarrow X_C = X_L - R = 30 - 20 = 10\,\Omega$ y como:

$X_C = \dfrac{1}{C\omega} \Rightarrow C = \dfrac{1}{\omega X_C} \Rightarrow C = \dfrac{10^{-4}}{3}F$

47: tensión, intensidad, factor potencia

Los puntos **a** y **b** de la siguiente figura son las terminales de una línea recorrida por una corriente alterna senoidal de frecuencia **f=60Hz**

La tensión eficaz entre dichos puntos es **V=130v**

Calcular:

a) ¿Cuál es la expresión de tensión **V** entre **a** y **b**?
b) ¿Cuánto vale la intensidad eficaz **I** en el circuito **acdb**?

c) La diferencia de potencial V_1 entre **a** y **c**
d) La diferencia de potencial V_2 entre los puntos **c** y **d**
e) El factor de potencia del circuito.

Datos: $X_L = 8$; $X_C = 3$; $R_1 = 6$; $R_2 = R_3 = 3$

(todo en ohmios)

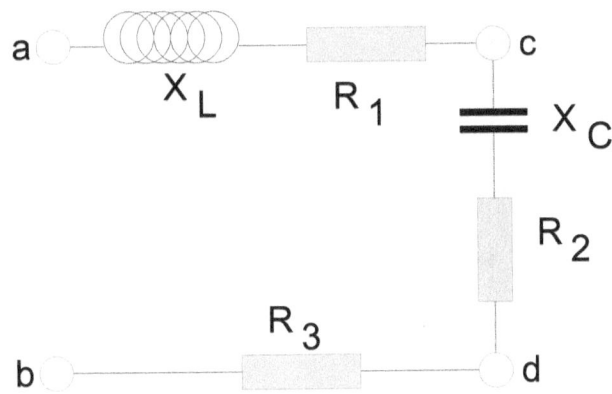

SOLUCIONES:

a) $V = V_m \sin 2\pi t \Rightarrow V_m = V\sqrt{2} \Rightarrow$ **$V = 183,3 \sin 120 \pi t$**

b) $Z = \sqrt{R^2 + X^2} = \sqrt{144 + 25} \Rightarrow$ **$Z = 13 \Omega$** $\;y\;como:\; I = \dfrac{V}{Z} \Rightarrow$ **$I = 10 A$**

c) $Z_{ab} = \sqrt{R_1^2 + X_L^2} = \sqrt{36 + 64} = 10 \Omega$ $\;y\;como:$
$V_1 = I Z_{ab} = 10 * 10 \Rightarrow$ **$V_1 = 100 v$**

d) $Z_{cd} = \sqrt{R_2^2 + X_C^2} = \sqrt{9 + 9} = 3 * \sqrt{2} \Omega$ $\;y\;como:$
$V_2 = I Z_{cd} = 10 * 3 * \sqrt{2} \Rightarrow$ **$V_2 = 42,3 v$**

e) $\cos \Phi = \cos \dfrac{X_L - X_C}{R} = \dfrac{R}{Z}$ $\cos \Phi = \dfrac{12}{13}$

48: tensión alterna función del tiempo

Una tensión alterna: $V = 19{,}15\sqrt{2}\sin 100\pi t$ alimenta una inductancia de **1/10Hy** sin resistencia y una resistencia de **24,5Ω** en paralelo.

Calcular la intensidad total que recorre el circuito y las corrientes parciales por cada rama.
Calcular también el desfase entre **V** e **i**

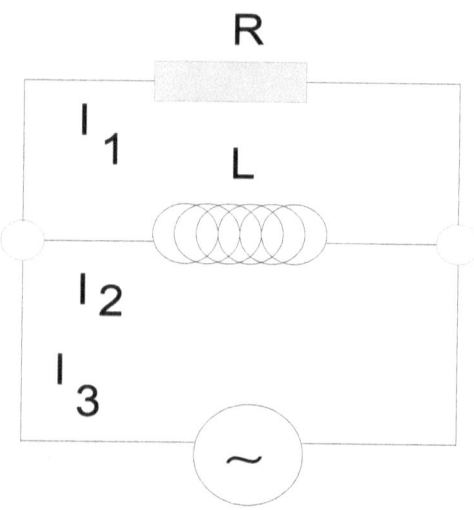

SOLUCIÓN:

$$\frac{1}{Z} = \frac{1}{Z_1} + \frac{1}{Z_2} = \frac{1}{L\omega j} + \frac{1}{R} = \frac{R + L\omega j}{L\omega Rj} \Rightarrow$$

$$Z = \frac{100\pi\, 24{,}5\, j}{10} * (24{,}5 + \frac{100\pi j}{10}) =$$

$$= \frac{245\pi j}{24{,}5 + 10\pi j} \quad \textit{Por otra parte:}$$

$$V = \frac{V_m}{\sqrt{2}} = 19{,}15\, v \quad con: \quad I = \frac{V}{Z} \Rightarrow$$

$$I = 19{,}15 * \frac{24{,}5 + 10\pi j}{245\pi j} = 0{,}78 - 0{,}61\, j \Rightarrow$$

$$I=\sqrt{0{,}78^2+0{,}61^2} \Rightarrow I=0{,}78\,A$$

$$I_2=\frac{V}{Z_2}=\frac{V}{L\omega j}=\frac{-19{,}15\,j}{10\pi}=-0{,}61\,j \Rightarrow I_2=0{,}16\,A \quad y\ finalmente:$$

$$\tan\Phi=\frac{-0{,}61}{0{,}78} \Rightarrow \Phi=-38°$$

49: parámetros en un circuito

Conocidos los datos representados en la siguiente figura.

Calcular:

1) La intensidad de la corriente.
2) Los valores de R_2 y L_2
3) La potencia absorbida por R_1, bobina y circuito.
4) El factor de potencia del circuito

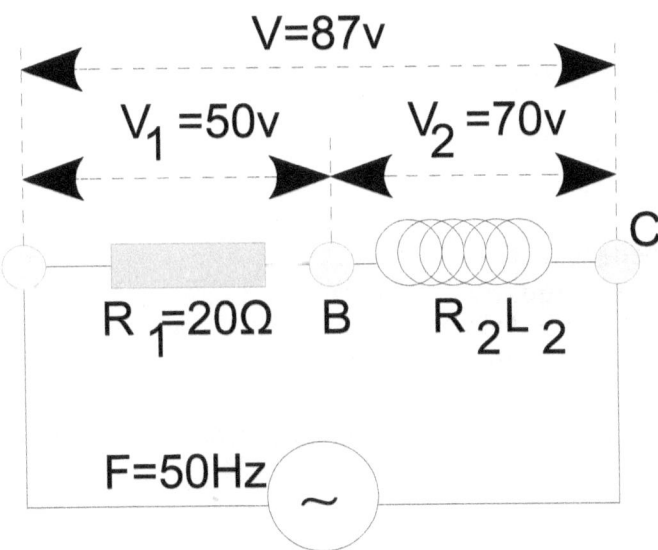

SOLUCIONES:

1) $I = \dfrac{V}{R_1} = \dfrac{50}{20} \Rightarrow I = 2,5\,A$

2) $Z_2 = \sqrt{R_2^2 + (L\omega)^2} = \dfrac{V_2}{I} \Rightarrow R_2^2 + L_2^2\omega^2 = \left(\dfrac{70}{2,5}\right)^2 = 784$ (a) *Por otra parte:*

$Z = \sqrt{(R_1+R_2)^2 + (L_2\omega)^2} = \dfrac{V}{I} \Rightarrow (R_1+R_2)^2 + (L_2\omega)^2 = \dfrac{V^2}{I^2} = 1.211,04$ (b)

$De\,(a)\,y\,(b) \Rightarrow (R_1+R_2)^2 - R_2^2 = 1.211,04 - 784 \Rightarrow \mathbf{R_2 = 0,676\,\Omega}$ y:

$L_2^2 = \dfrac{784 - R_2^2}{2} \Rightarrow \mathbf{L_2 = 89\,mHy}$

3) $\begin{array}{l} P_1 = I^2 R_1 = 2,5^2 * 20 \Rightarrow \mathbf{P_1 = 125\,w} \quad (para\,la\,resistencia) \\ P_2 = I^2 R_2 \quad\quad\quad\quad\quad \Rightarrow \mathbf{P_2 = 4,225\,w} \quad (para\,la\,bobina) \\ P_T = I^2(R_1+R_2) \quad\quad \Rightarrow \mathbf{P_T = 129,225\,w} \quad (para\,el\,circuito) \end{array}$

4) $\cos\Phi = \dfrac{P}{IV} = \dfrac{129,225}{2,5*87} \Rightarrow \mathbf{\cos\Phi = 0,59}$

50: impedancia de una máquina

Una máquina está conectada a una red de corriente de **f=50Hz** y tensión eficaz **5.000v** La intensidad eficaz que la atraviesa es **I=10A** y el factor de potencia **0,8**

Si se necesita que la máquina se comporte como una bobina de autoinducción.

Calcular:

1) La impedancia de la máquina.

2) Demostrar que se puede obtener una instalación con $\cos\Phi=1$, conectando en paralelo a los bornes de la máquina, una impedancia **Z'**, cuyo valor ha de calcularse. Deducir la naturaleza de **Z'** y la impedancia equivalente.

SOLUCIONES:

1) $Z=\dfrac{V}{I}=\dfrac{5.000}{10}=500\,\Omega$, Además: $\cos\Phi=0{,}8 \Rightarrow \tan\Phi=\dfrac{\sqrt{1-\cos^2\Phi}}{\cos\Phi}=\dfrac{3}{4}$

Sea: $Z=A+Bj \Rightarrow A^2+B^2=500^2$ y: $\dfrac{B}{A}=\dfrac{3}{4}$ con:

$A=400$ y $B=300$ y así: $\boldsymbol{Z=400+300j}$

$\dfrac{1}{R}=\dfrac{1}{Z}+\dfrac{1}{Z'}=\dfrac{1}{400+300j}+\dfrac{1}{Z'}=\dfrac{400}{400^2+300^2}-\dfrac{300j}{400^2+300^2}+\dfrac{1}{Z'} \Rightarrow$

$\dfrac{1}{Z'}=\dfrac{300}{400^2+300^2}j \Rightarrow Z'$ es **un condensador** de capacidad C, y así:

2) $Z'=\dfrac{1}{C\omega}=\dfrac{1}{2\pi f C}=\dfrac{400^2+300^2}{300} \Rightarrow C=\dfrac{300}{2\pi f (400^2+300^2)}$ así:

$C=0{,}382*10^{-6}\,F$ y la impedancia equivalente es:

$R=\dfrac{400^2+300^2}{400^2} \Rightarrow R=625\,\Omega$

51: intensidad y fuerza electro motriz

En el circuito de la figura determinar lo siguiente:

1) ¿Qué intensidad debe circular por la resistencia **R** de 4Ω para que **A** y **B** estén al mismo potencial?.

2) La fuerza electro motriz del generador **G**

3) La potencia disipada en las tres resistencias de 2Ω

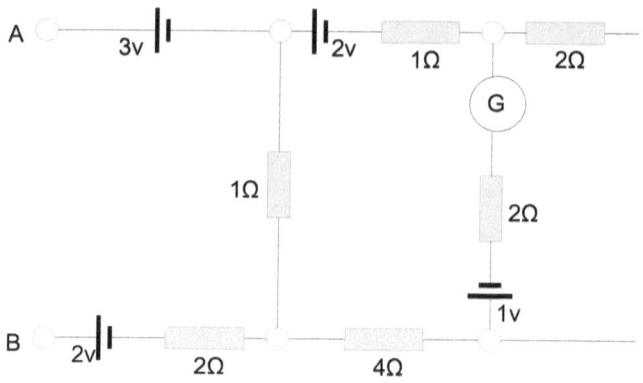

52: reactancia y $\cos\Phi$

En el circuito de la figura siguiente determinar:

1) La naturaleza y valor de la reactancia del elemento X que eleva el factor de potencia $\cos\Phi$ a la unidad.
2) La intensidad de corriente en cada rama.

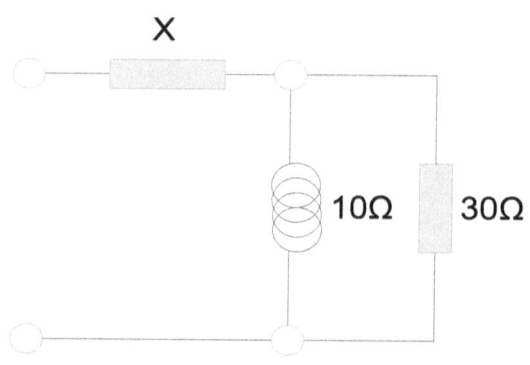

53: impedancia e intensidad

En el circuito siguiente, calcular la impedancia Z_1 del circuito para conseguir que la intensidad total sea la indicada.

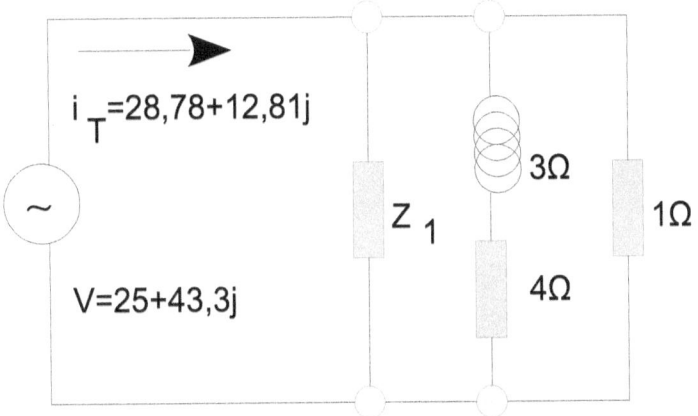

54: potencia disipada

En el circuito de la figura calcular la potencia disipada en cada rama.

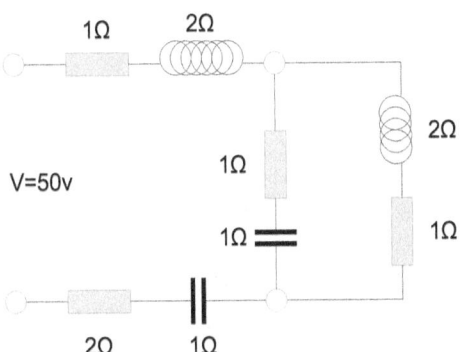

55: naturaleza de reactancia e intensidad

En el circuito de la figura siguiente calcular:

1) La naturaleza y el valor de la reactancia del elemento X que eleva el factor de potencia, $\cos \Phi$ a la unidad.

2) La intensidad de corriente en cada rama.

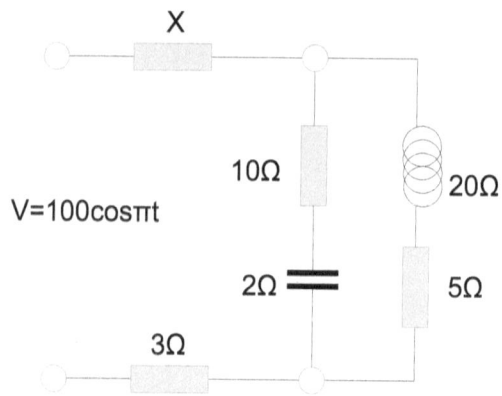

56: Método Integral y Teorema de Gauss

Calcular el campo eléctrico a una distancia **y** de un segmento rectilíneo cargado, cuya densidad lineal de carga es constante, por el Método Integral y por el Teorema de Gauss.

57: variables eléctricas en condensadores

En la figura siguiente, los cuatro condensadores C_1, C_2, C_3 y C_4 de idéntica forma y dimensiones, tienen por dieléctrico: aire de $K_1=1$ parafina de $K_2=2,3$ azufre de $K_3=3$ y mica de $K_4=4$ respectivamente.

Calcular, en **voltios**, la diferencia de potencial entre las armaduras, de cada uno de los cuatro condensadores y expresar en **u.e.e.** la carga almacenada por cada uno de ellos.

Datos:

$E=1.000v$ y $C_2=10^{-9}F$

Ejercicios de Física: 6 Corriente Continua y Alterna

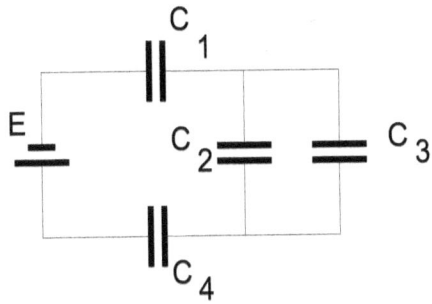

Anexos

*Constantes

$q_e = 1{,}602 * 10^{-19} C$
$m_e = 9{,}108 * 10^{-31} kg$
$r_e = 2{,}8177 * 10^{-11} m$
$m_p = 1{,}007596\, uma = 1{,}6724 * 10^{-27} kg$
$m_n = 1{,}008982\, uma = 1{,}6747 * 10^{-27} kg$
$m_H = 1{,}008142\, uma$
$m_\alpha = 6{,}644 * 10^{-27} kg$
$h = 6{,}6256 * 10^{-34} J.s = 6{,}6256 * 10^{-27} Erg.s$
$\bar{h} = 1{,}0544 * 10^{-34} J.s = 1{,}0544 * 10^{-27} Erg.s$
$g = 980{,}665\, cm.s^{-2}$
$G = 6{,}673 * 10^{-11} Nw.m^2.kg^{-2}$
$M_T = 5{,}975 * 10^{24} kg$
$R_T = 6{,}371 * 10^6 m$
$M_S = 1{,}99 * 10^{30} kg$
$R_S = 6{,}95 * 10^8 m$
$K = 8{,}98 * 10^9 Nw.m^2.C^{-2}$
$R_H = 109.677{,}6\, cm^{-1}$
$R_\infty = 109.737{,}3\, cm^{-1}$
$R = 0{,}08208\, atm.l.mol^{-1}.K^{-1} = 8{,}3166 * 10^7 Erg.mol^{-1}.K^{-1} =$
$\qquad = 1{,}987\, cal.mol^{-1}.K^{-1}$
$c = 2{,}9979 * 10^8 m.s^{-1}$
$N = 6{,}0222 * 10^{23}\, part.mol^{-1}$
$4\pi e_o = 1{,}11264 * 10^{-10} C^2.Nw^{-1}.m^{-2}$
$e_o = 8{,}842 * 10^{-12} C^2.Nw^{-1}.m^{-2} = 8{,}8542 * 10^{-12} F.m^{-1}$
$F = 96{,}487\, C.eq^{-1}$
$J = 4{,}185\, J.cal^{-1}$
$V_N = 22{,}415\, l$

$V_N = 22,415\,l$
$k = 1,3806*10^{-23}\,J.K^{-1}$
$T_{abs} = -273,15\,°C$
$\dfrac{RT}{F}\ln x = 0,05916 \log x\,v$
$\mu_B = 9,2732*10^{-21}\,Erg.Gauss^{-1}$
$a_o = 0,52916\,\text{Å} = 5,2916*10^{-9}\,cm\; d_{Hg} = 13,595\,gr.cm^{-3}$
$d_{H_2O} = 0,999972\,gr.cm^{-3}$
$V_{s(a)}^{288K} = 3,408*10^2\,m.s^{-1}$
$C_m = 10^{-7}\,Nw.A^{-2}$
$\sigma = 5,670*10^{-5}\,Erg.s^{-1}.cm^{-2}.K^{-4} = 5,6697*10^{-8}\,w.m^{-2}.K^{-4}$
$\dfrac{N}{V_N} = 2,6869*10^{25}\,moléc.m^{-3}$

⊖⊖⊖

*Factores de conversión

$1\text{J} = 9{,}81\ kpm$
$1\text{BTU} = 0{,}252\ kcal$
$1\text{cal} = 4{,}1840\ J = 41{,}293\ atm.cm^3$
$1\text{kcal.mol}^{-1} = 0{,}043361\ eV$
$1\text{CV} - h = 2{,}7 * 10^5\ kgm$
$1\text{kw} - h = 1{,}36\ CV - h = 2{,}24 * 10^{25}\ eV = 3{,}6 * 10^6\ J$
$1\text{eV} = 1{,}6022 * 10^{-12}\ Erg = 0{,}16022 * 10^{-18}\ J.moléc^{-1} = 3{,}829 * 10^{-20}\ cal =$
$\qquad = 8{,}0660 * 10^3\ cm^{-1}$
$1\text{MeV} = 1{,}6022 * 10^{-13}\ J$
$1\text{atm.l} = 10{,}323\ kgm = 0{,}0242\ kcal = 101{,}323\ J = 6{,}33 * 10^{20}\ eV$
$1\text{cm}^{-1} = 1{,}986 * 10^{-6}\ Erg = 4{,}747 * 10^{-24}\ cal = 1{,}240 * 10^{-4}\ eV$
$1\text{atm} = 1{,}03328\ kg.cm^{-2} = 1{,}01325 * 10^6\ din.cm^{-2} = 14{,}70\ psi = 760\text{mmHg}$
$1\text{baria} = 1\text{din.cm}^{-2}$
$1\text{bar} = 10^6\ barias$
$1\text{psi} = 703\text{kg.m}^{-2}$
$1\text{pascal} = 1\text{Nw.m}^{-2}$
$1\text{din} = 10^{-5}\ Nw$
$1\text{kp} = 9{,}8\ Nw$
$1\ \text{Å} = 10^{-4}\ \mu = 10^{-10}\ m$
$1\ \mu = 10^{-6}\ m$
$1\text{año} - luz = 9{,}468 * 10^{15}\ m$
$1\text{Yard} = 0{,}9144\ m$
$1\text{pie} = 12\text{plg} = 0{,}3048\ m$
$1\text{plg} = 0{,}02540\ m$
$1\text{km} = 0{,}6214\ mill$
$1\text{nm} = 10^{-9}\ m$
$1\text{CV} = 0{,}735\ kw = 175{,}72\ cal.s^{-1}$
$1\text{HP} = 76{,}04\ kgm.s^{-1} = 1{,}0139\ CV = 735\text{w}$
$1\text{kw} = 1{,}359\ CV$

$1 \text{uma} = 1{,}6597 * 10^{-27} \, kg = 931{,}2 \, MeV$
$1 \text{UTM} = 9{,}8 * 10^3 \, gr$
$1 \text{slug} = 14{,}59 \, kg$
$1 \text{Qm} = 100 \text{kg}$
$1 \text{uee} = 3{,}333 * 10^{-10} \, C$
$1 \text{uep} = 300 \text{v}$
$1 \mu F = 10^{-6} \, F$
$1 \text{nF} = 10^{-9} \, F$
$1 \mu\mu F = 10^{-12} \, F = 1 \text{pF}$
$1 F = 96{,}487 \, C.eq^{-1} = 23{,}060 \, cal.v^{-1}.eq^{-1}$
$1 v.m^{-1} = 3{,}333 * 10^{-5} \, uee$
$1 D = 3{,}33 * 10^{-30} \, C.m$
$1 Wb.m^{-2} = 10^4 \, Gauss = 1 T$
$1 Wb = 10^8 \, Max$
$1 Hy = 1{,}1111 * 10^{-2} \, uee$
$1 A.m^{-1} = 4\pi \, 10^{-3} \, Oersted$
$1 \text{kciclo} = 10^3 \, Hz$
$1 \text{Curie} = 3{,}7 * 10^{10} \, desint.s^{-1}$
$1 \text{galón} = 3{,}785 \, l$
$1 \text{barril} = 119{,}24 \, l$
$1 \text{pinta} = 5{,}688 * 10^{-4} \, m^3$
$1 gr.cm^{-3} = 102 \, UTM.m^{-3}$
$1 \text{acre} = 0{,}40469 \, Hca = 4.046{,}9 \, m^2$
$1 m.s^{-1} = 3{,}6 \, km.h^{-1}$
$1 \text{rpm} = 0{,}10472 \, rad.s^{-1}$
$1 \text{rad} = 57{,}2956\,° = 63{,}662^G$
$1° = 1{,}745 * 10^{-2} \, rad$
$1' = 2{,}909 * 10^{-4} \, rad$
$1^G = 1{,}571 * 10^{-2} \, rad$

⊖⊖⊖

*Integrales (con +C)

$$\int x^n dx = \frac{x^{n+1}}{n+1}$$

$$\int \frac{1}{x} dx = \ln|x|$$

$$\int \sin x\, dx = -\cos x$$

$$\int \frac{1}{\cos^2 x} dx = \tan x$$

$$\int \cos x\, dx = \sin x$$

$$\int \frac{1}{\sin^2 x} dx = -\cot x$$

$$\int \tan x\, dx = -\ln|\cos x| = \ln|\sec x|$$

$$\int \cot x\, dx = \ln|\sin x|$$

$$\int \sec x\, dx = \ln|\sec x + \tan x| = \ln\left|\tan\left(\frac{x}{2}+\frac{\pi}{4}\right)\right|$$

$$\int \operatorname{cosec} x\, dx = \ln|\operatorname{cosec} x - \cotan x| = \ln\left|\tan\frac{x}{2}\right|$$

$$\int \sec^2 x\, dx = \tan x$$

$$\int \operatorname{cosec}^2 x\, dx = -\cot x$$

$$\int \sec x \tan x\, dx = \sec x$$

$$\int \operatorname{cosec} x \cot x\, dx = -\operatorname{cosec} x$$

$$\int e^x dx = e^x$$

$$\int a^x dx = a^x \ln|a|$$

$$\int \frac{1}{1+x^2} dx = \arctan x$$

$$\int \frac{1}{x^2 - a^2} dx = \frac{1}{2a} \ln\left|\frac{x+a}{x-a}\right|$$

$$\int \frac{1}{x^2 + a^2} dx = \frac{1}{a} \arctan \frac{x}{a}$$

$$\int \frac{1}{\sqrt{1-x^2}}\,dx = \arcsin x$$

$$\int \frac{1}{\sqrt{x^2 \pm a^2}}\,dx = \ln\left|x + \sqrt{x^2 \pm a^2}\right|$$

$$\int \frac{1}{x\sqrt{a^2 \pm x^2}}\,dx = \frac{1}{a}\ln\left|\frac{x}{a + \sqrt{a^2 \pm x^2}}\right|$$

$$\int \sqrt{x^2 \pm a^2}\,dx = \frac{x}{2}\sqrt{x^2 \pm a^2} \pm \frac{a^2}{2}\ln\left|x + \sqrt{x^2 \pm a^2}\right|$$

$$\int e^{ax}\sin bx\,dx = \frac{e^{ax} a \sin bx}{a^2 + b^2} - \frac{e^{ax} a \cos bx}{a^2 + b^2}$$

✳Relaciones trigonométricas

$\sin(a+b) = \sin a \cos b + \sen b \cos a$
$\sin(a-b) = \sin a \cos b - \sin b \cos a$
$\cos(a+b) = \cos a \cos b - \sin a \sin b$
$\cos(a-b) = \cos a \cos b + \sin a \sin b$
$\tan(a+b) = \dfrac{\sin(a+b)}{\cos a \cos b}$
$\tan(a-b) = \dfrac{\sin(a-b)}{\cos a \cos b}$
$\cot(a+b) = \dfrac{\cot a \cot b - 1}{\cot b + \cot a}$
$\cot(a-b) = \dfrac{\cot a \cot b + 1}{\cot b - \cot a}$
$\sin 2a = 2\sin a \cos a = \dfrac{2\tan a}{1 - tag^2 a}$
$\cos 2a = \cos^2 a - \sin^2 a = \dfrac{1 - \tan^2 a}{1 + \tan^2 a}$
$\tan 2a = \dfrac{2\tan a}{1 - \tan^2 a}$
$\cot 2a = \dfrac{\cot^2 a - 1}{2\cot a}$
$\sin 3a = 3\sin a - 4\sin^3 a$
$\cos 3a = 4\cos^3 a - 3\cos a$
$\tan 3a = \dfrac{3\tan a - \tan 3a}{-3\tan^2 a + 1}$
$\cot 3a = \dfrac{\cot^3 a - 3\cot a}{3\cot^2 a - 1}$
$\sin \dfrac{a}{2} = \pm \sqrt{\dfrac{1 - \cos a}{2}}$
$\cos \dfrac{a}{2} = \pm \sqrt{\dfrac{1 + \cos a}{2}}$
$\tan \dfrac{a}{2} = \pm \sqrt{\dfrac{1 - \cos a}{1 + \cos a}}$

$$\cot\frac{a}{2} = \cot a \pm \sqrt{\cot^2 a + 1}$$

$$\sin a + \sin b = 2\sin\frac{1}{2}(a+b)\cos\frac{1}{2}(a-b)$$

$$\sin a - \sin b = 2\cos\frac{1}{2}(a+b)\sin\frac{1}{2}(a-b)$$

$$\cos a + \cos b = 2\cos\frac{1}{2}(a+b)\cos\frac{1}{2}(a-b)$$

$$\cos a - \cos b = -2\sin\frac{1}{2}(a+b)\sin\frac{1}{2}(a-b)$$

$$\sin a + \cos b = 2\sin\frac{1}{2}(\frac{\pi}{2}+a-b)\cos\frac{1}{2}(a+b-\frac{\pi}{2})$$

$$\sin a - \cos b = 2\cos\frac{1}{2}(\frac{\pi}{2}+a-b)\sin\frac{1}{2}(a+b-\frac{\pi}{2})$$

$$\tan a \pm \tan b = \frac{\sin(a \pm b)}{\cos a \cos b}$$

$$\cot a \pm \cot b = \frac{\sin(b \pm a)}{\sin a \sin b}$$

$$\cot a \pm \tan b = \frac{\cos(a \pm b)}{\sin a \cos b}$$

*Otros títulos del autor

*Bibliografía recomendada

"Problemas de Física", Felix A. Gonzalez
"Problemas de Física General", L. Nuñez
"Física General", Felix A. Gonzalez
"Problemas de Física", J. García Roger
"Circuitos Eléctricos", J.A. Edminister
"Física General y Experimental", Goldenberg
"Pruebas de acceso: Física", F. G. Pérez
"Manual de Fórmulas y Tablas", Murray R. Spiegel
"Cálculo superior", Murray R. Spiegel
"Introducción a la Física General", USC
"Física", Sears-Zemansky
"Física General", C. W. van der Merwe
"Lectures of Physics", Feymann
"Física", Haliday
"Física", Gaskenhouse
"Fundamentos Electromagnetismo", Reitz
"Problemas de Física", Aguilar y Casanova
"Problemas de Física", Gullan

⊖⊖⊖

*Agradecimientos

   Muchas gracias por comprar y especialmente por leer este libro. Mi intención siempre ha sido ayudar y compartir experiencias con otras personas como tú.

   Espero que te haya gustado o te haya servido para consolidar conocimientos, superar exámenes o preparar clases, pero sobre todo espero que te haya servido para pasar algún rato entretenido aprendiendo Física.

   Te agradezco cualquier sugerencia que quieras comentar, para ello lo puedes indicar en mi blog en:

gregochenlo.blogspot.com

   Si te ha gustado el libro, agradezco las cinco estrellas en www.amazon.es que me ayudarán a continuar mejorando mis libros y también a otros lectores a encontrarlo más fácilmente y a conocerlo con más detalle.

   Nuevamente muchísimas gracias.

☻☻☻

Notas: (v1)

www.ingramcontent.com/pod-product-compliance
Lightning Source LLC
Chambersburg PA
CBHW031537210526
45464CB00003B/1047